职业教育"十三五"改革创新规划教材

Photoshop
图像处理与设计

尚 存　胡正元　主　编

苏文芝　张志峰　袁泽辉　副主编

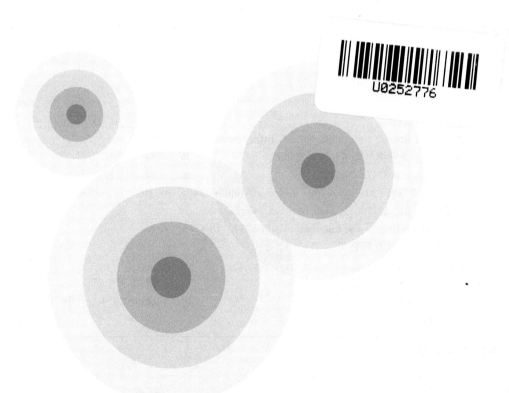

清华大学出版社

北 京

内 容 简 介

本书是职业教育"十三五"改革创新规划教材,具有很强的实用性,采用了理论联系实际的案例结构,结合案例进行基础知识、基本操作和操作技巧的介绍。

本书介绍了计算机平面设计软件 Photoshop 在图像后期处理上的基础知识、基本技能操作,并附有案例训练。本书共 8 个单元,内容包括图像处理基础知识,Photoshop 操作基础和操作环境,Photoshop 图像文件操作,图像处理常用工具,图层、通道和蒙版的应用,滤镜和图像色彩处理,Photoshop 图像处理综合应用和 Photoshop 效果图后期渲染技法。

本书可以作为职业院校计算机应用、环境艺术设计、园林艺术设计、城镇规划等专业的教材,也可以作为图形图像设计爱好者的自学用书。

图书在版编目(CIP)数据

Photoshop 图像处理与设计/尚存,胡正元主编. —北京:清华大学出版社,2018(2023.8重印)

(职业教育"十三五"改革创新规划教材)

ISBN 978-7-302-49410-2

Ⅰ.①P… Ⅱ.①尚… ②胡… Ⅲ.①图象处理软件-高等职业教育-教材 Ⅳ.①TP391.413

中国版本图书馆 CIP 数据核字(2018)第 012177 号

责任编辑:孟毅新
封面设计:张京京
责任校对:刘 静
责任印制:丛怀宇

出版发行:清华大学出版社
　　　　网　　　址:http://www.tup.com.cn,http://www.wqbook.com
　　　　地　　　址:北京清华大学学研大厦 A 座　　　　邮　　编:100084
　　　　社 总 机:010-83470000　　　　邮　　购:010-62786544
　　　　投稿与读者服务:010-62776969,c-service@tup.tsinghua.edu.cn
　　　　质量反馈:010-62772015,zhiliang@tup.tsinghua.edu.cn
　　　　课件下载:http://www.tup.com.cn,010-62770175-4278
印 装 者:三河市龙大印装有限公司
经　　销:全国新华书店
开　　本:185mm×260mm　　　印　　张:14.75　　　字　　数:338 千字
版　　次:2018 年 7 月第 1 版　　　印　　次:2023 年 8 月第 3 次印刷
定　　价:39.80 元

产品编号:074565-01

前 言

由 Adobe 公司推出的 Photoshop 软件是目前应用较为广泛的图像处理和编辑软件。Photoshop 界面直观且富有人性化,操作简单实用,具有较强的灵活性。其处理的景观效果图能够更加真实地刻画出各景观要素的色彩、质感,能够营造出极其真实的环境,还能进行精细的修改并能通过计算机运算来进行各种复杂的后期加工,取得了人工处理所无法比拟的效果。因此,它在环境艺术、计算机科学技术、城市设计、园林设计等领域设计后期处理中具有画龙点睛的效果。

本书共分 8 个单元:单元 1 图像处理基础知识,建议 4 个学时;单元 2 Photoshop 操作基础和操作环境,建议 4 个学时;单元 3 Photoshop 图像文件操作,建议 2 个学时;单元 4 图像处理常用工具,建议 10 个学时;单元 5 图层、通道和蒙版的应用,建议 10 个学时;单元 6 滤镜和图像色彩处理,建议 10 个学时;单元 7 Photoshop 图像处理综合应用,建议 8 个学时;单元 8 Photoshop 效果图后期渲染技法,建议 6 个学时。

本书由信阳农林学院尚存、胡正元担任主编,济源职业技术学院苏文芝、信阳农林学院张志峰、信阳师范学院袁泽辉担任副主编。单元 1 由胡正元编写;单元 2 和单元 3 由苏文芝编写;单元 4 和单元 5 由尚存编写;单元 6 和单元 7 由袁泽辉编写;单元 8 由张志峰编写。

本书使用的图片源文件可登录清华大学出版社网站(www.tup.com.cn)免费下载,也可发送电子邮件至 63736425@qq.com 索取。

由于作者水平有限,书中不足之处在所难免,望读者批评指正。

编 者
2018 年 3 月

前言

CONTENTS
目 录

单元1　图像处理基础知识 ·· 1

1.1　图像的类型 ··· 1

1.2　图像的分辨率 ·· 3

1.3　常见的图像文件格式 ·· 4

1.4　色彩模式 ··· 6

单元小结 ··· 8

单元 2　Photoshop 操作基础和操作环境 ···························· 9

2.1　Photoshop 工作环境及界面 ···································· 9

2.2　Photoshop 新增与改进功能 ···································· 14

单元小结 ··· 18

单元 3　Photoshop 图像文件操作 ·································· 19

3.1　Photoshop 文件的基本操作 ···································· 19

3.2　Photoshop 图像标尺与参考线 ································ 23

3.3　图像控制与显示 ··· 27

3.4　调整图像尺寸 ·· 29

单元小结 ··· 36

单元 4　图像处理常用工具 ·· 37

4.1　Photoshop 选区工具的应用 ···································· 37

4.2　绘图工具与填充工具的应用 ···································· 47

4.3　修饰工具的运用 ··· 61

4.4　查看工具 ··· 66

4.5　路径工具的应用 ……………………………………………………… 67

4.6　文字工具 …………………………………………………………… 76

单元小结 ……………………………………………………………… 81

单元 5　图层、通道和蒙版的应用 ……………………………………………… 82

5.1　图层的基本概念 ……………………………………………………… 82

5.2　图层的基本操作 ……………………………………………………… 84

5.3　图层样式 ……………………………………………………………… 92

5.4　图层效果制作 ………………………………………………………… 94

5.5　蒙版 ………………………………………………………………… 105

5.6　通道 ………………………………………………………………… 109

单元小结 …………………………………………………………… 112

单元 6　滤镜和图像色彩处理 ………………………………………………… 113

6.1　滤镜 ………………………………………………………………… 113

6.2　图像的色彩处理 …………………………………………………… 127

单元小结 …………………………………………………………… 153

单元 7　Photoshop 图像处理综合应用 ……………………………………… 154

7.1　江南水乡景观的效果处理与设计 ………………………………… 154

7.2　文字海报的处理与设计 …………………………………………… 164

7.3　写字楼建筑外观效果图后期处理 ………………………………… 172

单元 8　Photoshop 效果图后期渲染技法 …………………………………… 187

8.1　AutoCAD 平面图的前期输入方法 ……………………………… 187

8.2　广场平面彩色效果图制作 ………………………………………… 191

8.3　景观透视效果图制作 ……………………………………………… 195

8.4　景观立面效果图制作 ……………………………………………… 222

参考文献 …………………………………………………………………… 230

单元 1

图像处理基础知识

内容导航

在运用 Photoshop 进行图像处理之前,需要了解一些关于图形图像方面的基本知识,本单元介绍图像后期处理所要掌握的基本知识。

1.1 图像的类型

在计算机中,图像是以数字方式来记录、处理和保存的,图像也称为数字化图像。图像分为位图图像与矢量图像。这两种类型的图像各有特点,认识它们的特点和差异,有助于创建、编辑和应用图像。在处理时,通常将这两种图像交叉运用,下面分别介绍位图图像和矢量图像。

1.1.1 位图图像

位图是由许多方格状的不同色块组成的图像,其中每一个小色块称为像素。每个色块都有一种明确的颜色。由于一般位图图像的像素都非常多而且小,因此看起来仍然是细腻的图像,当位图放大时,组成它的像素点也同时成比例放大,放大到一定倍数后,图像的显示效果就会变得越来越不清晰,从而出现类似马赛克的效果,如图 1-1 和图 1-2 所示。

位图图像的特点。

(1) Photoshop 通常处理的都是位图图像。Photoshop 处理图像时,像素的数目和密度越高,图像就越逼真。

(2) 鉴别位图最简单的方法就是将图像比例放大,如果放大的过程中产生了锯齿,那么该图片就是位图。

图 1-1 位图图像

图 1-2 位图图像局部放大后的显示效果

（3）位图图像的优点在于表现颜色的细微层次，如照片的颜色层次，且处理也较简单和方便；其缺点在于不能任意放大显示，否则会出现锯齿边缘或类似马赛克的效果。

1.1.2 矢量图像

矢量图也称为向量图，其实质是以数字方式来描述线条和曲线，其基本组成单位是锚点和路径。矢量图可以随意地放大或缩小，而不会使图像失真或遗漏图像的细节，也不会影响图像的清晰度。但矢量图不能描绘丰富的色调或表现较多的图像细节。

矢量图像适用于以线条为主的图案和文字标志设计、工艺美术设计等领域。另外，矢量图像与分辨率无关，无论放大和缩小多少倍，图形都有一样平滑的边缘和清晰的视觉效果，即不会出现失真现象。将图像放大后，可以看到图片依然很精细，并没有因为显示比例的改变而变得粗糙，如图 1-3 和图 1-4 所示。

图 1-3 原始矢量图像

图 1-4 矢量图像局部放大后的显示效果

典型的矢量图像处理软件有 Illustrator、CorelDRAW、FreeHand、AutoCAD 等。矢量图与位图的区别：位图编辑的对象是像素，而矢量图编辑的是记载了颜色、形状、位置等属性的图形对象，矢量图善于表现清晰的轮廓，它是记载文字和线条图形的最佳选择。

1.2　图像的分辨率

1.2.1　像素

　　像素是组成图像的基本单元。每个像素都有自己的位置,并记录着图像的颜色信息。一个图像包含的像素越多,颜色信息就越丰富,图像效果也就越好。一幅图像通常由许多像素组成,这些像素排列成行和列。当使用放大工具将图像放大到足够大的倍数时,就可以看到类似马赛克的效果,如图1-5和图1-6所示。

图1-5　原始图像　　　　　　　　图1-6　图像放大后的马赛克效果

1.2.2　分辨率

　　分辨率是单位长度内的点、像素数目。分辨率的高低直接影响位图图像的效果。分辨率太低会导致图像模糊粗糙。分辨率通常以"像素/英寸"(pixel/inch)表示,简写为ppi。例如,72ppi表示每英寸包含72个像素点,300ppi表示每英寸包含300个像素点。图像分辨率也可以描述为组成一帧图像的像素个数。例如,800×600的图像分辨率表示该幅图像由600行,每行800个像素组成。它既反映了该图像的精细程度,又给出了该图像的大小。

　　在通常情况下,分辨率越高,包含的像素数目也就越高,图像越清晰。图1-7~图1-9所示为相同打印尺寸但不同分辨率的三个图像,可以看到,低分辨率的图像比较模糊,高分辨率的图像相对清晰。

图1-7　分辨率72像素/英寸　　图1-8　分辨率150像素/英寸　　图1-9　分辨率350像素/英寸

1.2.3　像素与分辨率的关系

像素与分辨率的组合方式决定了图像的数据量。例如,1 英寸×1 英寸的两幅图像,分辨率是 72ppi 的图像包含 5184 个像素,而分辨率为 300ppi 的图像则包含多达 90 000 个像素。打印时,高分辨率图像比低分辨率图像包含更多的像素。

分辨率的高低直接影响图像的效果,分辨率太低,导致图像粗糙,打印输出时图像模糊。使用较高的分辨率会增大图像文件的大小,并且降低图像的打印速度,只有根据图像的用途设置合适的分辨率才能取得最佳的使用效果。下面列举一些常用的图像分辨率参考标准。

(1) 图像用于屏幕显示或者网络,分辨率为 72ppi。

(2) 图像用于喷墨打印机打印,分辨率通常为 100～150ppi。

(3) 图像用于印刷,分辨率设置为 300ppi。

1.3　常见的图像文件格式

图像的格式即图像存储的方式,它决定了图像在存储时所能保留的文件信息及文件特征。使用文件→存储命令或存储为命令保存图像时,可以在打开的对话框中选择文件的保存格式。当选择了一种图像格式后,对话框下方的“存储选项”选项组中的选项内容均会发生相应的变化,如图 1-10 和图 1-11 所示。

图 1-10　选择格式

图 1-11　选择格式后存储选项变化

1.3.1　PSD 格式

　　PSD 是 Photoshop 中使用的一种标准图像文件格式,是一种能支持全部图像色彩模式的格式。PSD 文件能够将不同的图像元素以层的方式分离保存,便于修改和制作各种特殊效果。以 PSD 格式保存的图像可以包含图层、通道及色彩模式。

　　以 PSD 格式保存的图像通常含有较多的数据信息,可随时进行编辑和修改,是一种无损失的存储格式。 *.psd 或 *.pdd 文件格式保存的图像没有经过压缩,特别是当图层较多时,会占用很大的存储空间。若需要把带有图层的 PSD 格式的图像转换成其他格式的图像文件,需先将图层合并,然后再进行转换;对于尚未编辑完成的图像,选用 PSD 格式保存是最佳的选择。PSD 图标的显示状态见表 1-1。

表 1-1　PSD 图标

文 件 格 式	图　　　标
PSD 格式	PSD 照片 617 Adobe Photoshop ...

1.3.2　JPEG 格式和 BMP 格式

　　JPEG 格式文件存储空间小,主要用于图像预览及超文本文档,如 HTML 文档等。

使用 JPEG 格式保存的图像经过高倍率的压缩,可使图像文件变得较小,但会丢失部分不易察觉的数据,其保存后的图像没有原图像质量好。因此,在印刷时不宜使用这种格式。

BMP 格式是一种标准的位图图像文件格式,使用非常广。由于 BMP 格式是 Windows 中图形图像数据的一种标准,因此在 Windows 环境中运行的图形图像软件都支持 BMP 格式。文件以 BMP 格式存储时,可以节省空间而不会破坏图像的任何细节,缺点是存储及打开时的速度较慢。JPEG 和 BMP 图标的显示状态见表 1-2。

表 1-2　JPEG 和 BMP 图标

文 件 格 式	图　　标
JPEG 格式	照片 283 3872 x 2592 JPEG 图像
BMP 格式	无标题 717 x 185 BMP 图像

若图像文件不用作其他用途,只用来预览、欣赏,或为了方便携带,存储在 U 盘上,可将其保存为 JPEG 格式。

1.3.3　TIFF 格式和 EPS 格式

TIFF 格式是平面设计领域中最常用的图像文件格式,它是一种灵活的位图图像文件格式,文件扩展名为.tif 或.tiff,几乎所有的图像编辑和排版类程序都支持这种文件格式。

TIFF 格式支持 RGB、CMYK、Lab、索引颜色、位图模式和灰度等色彩模式。

EPS 格式主要用于绘图或排版,是一种 PostScript(页面描述语言)格式,其优点在于文件在排版软件中以较低分辨率预览,将插入文件进行编辑排版,在打印或输出胶片时以高分辨率输出,做到工作效率和输出质量兼顾。TIFF 和 EPS 图标的显示状态见表 1-3。

表 1-3　TIFF 和 EPS 图标

文 件 格 式	图　　标
TIFF 格式	表1-3 图 913 x 478 TIF 文件
EPS 格式	表1-3 图2 EPS 文件

1.4　色彩模式

Photoshop 中可以自由转换图像的各种色彩模式。由于不同的色彩模式包含的颜色范围不同,以及其特性存在差异,在转换中会出现一些数据丢失。因此在进行色彩模式转换时,要按需处理图像色彩模式,以获得高品质的图像。不同的色彩模式对颜色的表现能力可能会有很大的差异,如图 1-12 和图 1-13 所示。

图 1-12　RGB 颜色模式下的图像效果　　　　图 1-13　CMYK 颜色模式下的图像效果

1.4.1　RGB 颜色模式

　　RGB 颜色模式是 Photoshop 默认的颜色模式,也是最常用的模式之一,这种模式以三基色红(R)、绿(G)、蓝(B)为基础,通过对红、绿、蓝的各种值进行组合来改变像素的颜色。当 RGB 色彩数值均为 0 时,为黑色;当 RGB 色彩数值均为 255 时,为白色;当 RGB 色彩数值相等时,产生灰色。无论是扫描输入的图像,还是绘制的图像,都是以 RGB 颜色模式存储的。RGB 颜色模式下处理图像比较方便,且 RGB 图像比 CMYK 图像文件要小得多,可以节省内存和存储空间。在 Photoshop 中处理图像时,通常先设置为 RGB 颜色模式,只有在这种模式下,图像没有任何编辑限制,可以做任何的调整编辑,如图 1-14 所示。

图 1-14　RGB 色彩图像

1.4.2　CMYK 颜色模式

　　CMYK 颜色模式是一种用于印刷的颜色模式,该模式是以 C 代表青色(Cyan),M 代表洋红(Msgenta),Y代表黄色(Yellow),K代表黑色(Black)四种油墨色为基本色。它表现的是白光照射在物体上,经过物体吸收一部分颜色后,反射而产生的色彩,又称为减色模式。

　　CMYK颜色模式广泛应用于印刷和制版行业,每一种颜色的取值范围都被分配一个百分比值,百分比值越低,颜色越浅;百分比值越高,颜色越深。

1.4.3　灰度模式

　　使用灰度模式保存图像,意味着一幅彩色图像中的所有色彩信息都会丢失,该图像将成为一个由介于黑色、白色之间的256级灰度颜色所组成的图像。在该模式中,图像中所有像素的亮度值变化范围都为0~255。0表示灰度最弱的颜色,即黑色;255表示灰度最强的颜色,即白色。其他的值是指黑色渐变至白色的中间过渡的灰色。灰度文件中,图像的色彩饱和度为零,亮度是唯一能够影响灰度图像的选项。灰度图像效果如图1-15所示。

图1-15　灰度图像效果

单元小结

　　本单元对图像处理相关概念进行了讲解,所介绍的基本知识都是进行图像后期处理必须掌握的基本知识。掌握这些知识,才能更好地发挥Photoshop软件的功能,进行创意、设计。

单元 2

Photoshop操作基础和操作环境

内容导航

认识 Photoshop 工作环境；了解 Photoshop 基本功能和新增功能；熟悉 Photoshop 工作环境及界面。

2.1　Photoshop 工作环境及界面

安装 Photoshop CS5 中文版后，系统在 Windows 的程序菜单里会自动建立一个图标 Adobe Photoshop CS5，选择 开始 → 程序 → Adobe Photoshop CS5 命令，可启动 Photoshop CS5 程序并进入其主操作界面，如图 2-1 所示。其操作界面由菜单栏、工具选项栏、工具箱、图像窗口、工作区、状态栏和各种面板等组成。

2.1.1　Photoshop CS5 界面概述

1. 应用程序栏

在应用程序栏中 ![icon]，单击按钮可启动 Adobe Bridge 程序对图像进行查看，单击 ![icon] 按钮显示或者隐藏参考线、网格和标尺。

2. 菜单栏

菜单栏位于应用程序栏下方，提供了进行图像处理所需的菜单命令，共有 9 个菜单。分别是"文件""编辑""图像""图层""选择""滤镜""视图""窗口"和"帮助"。

3. 工具选项栏

在工具选项栏中可以对当前选中的工具进行设置。选择不同的工具，在工具选项栏中就会显示相应工具的选项，可以设置关于该工具的各种属性，以产生不同的效果。

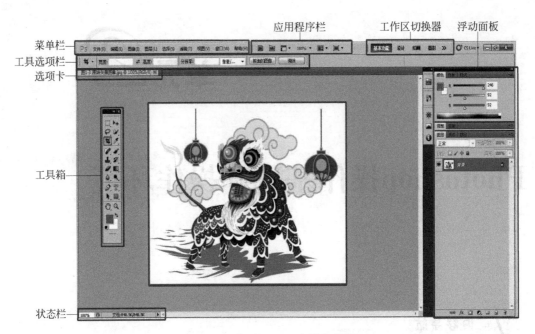

图 2-1　Photoshop CS5 主操作界面

4. 工具箱

在工具箱中,可以在各个工具之间进行切换,从而对图像进行编辑,如图 2-2 所示,其中包括 50 多种工具。这 50 多种工具又分成了若干组排列在工具箱中,使用这些工具可对图像进行选择、绘制、取样、编辑、移动和查看等操作,单击工具图标或通过快捷键就可以使用这些工具。

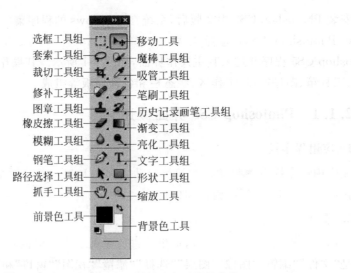

图 2-2　Photoshop CS5 工具箱中各工具的名称

5. 状态栏

状态栏位于工作窗口的最底端,用来显示当前图像显示比例和文档大小。

6．选项卡

选项卡功能是 Photoshop CS5 的新增功能，可以通过切换选项卡来查看不同的图像。

7．浮动面板

浮动面板也称为面板，是 Photoshop 工作界面中非常重要的一个组成部分，是在进行图像处理时实现选择颜色、编辑图层、新建通道、编辑路径和撤销编辑操作的主要功能面板。面板最大的优点是单击面板右上角的 ■ 按钮，可以将面板折叠为图标状，把空间留给图像，如图 2-3 和图 2-4 所示。

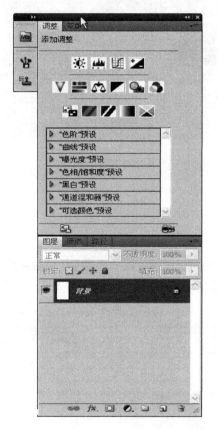

图 2-3　面板组

图 2-4　折叠面板组

按 Shift＋Tab 组合键可以在保留显示"工具箱"同时显示或隐藏所有面板，如图 2-5 所示。

8．工作区切换器

工作区切换器是 Photoshop CS5 中最具人性化的设置。在工作区切换器中，使用者可以通过工作环境的不同来选择不同的工作区模式，也可以设置自己喜欢的工作界面。

9．图像窗口

图像窗口是用来对图像进行查看的平台。

图 2-5　Shift＋Tab 组合键使用后的图像效果

2.1.2　显示/隐藏所有面板

1. 快速显示/隐藏面板步骤

启动 Photoshop CS5 程序,打开图像,如图 2-6 所示,按 Tab 键,即可隐藏所有面板。当面板全部隐藏后再按 Tab 键则可恢复到隐藏面板之前的界面状态,如图 2-7 所示。

图 2-6　隐藏所有面板

图 2-7　显示所有面板

2. 自动显示隐藏面板步骤

选择编辑→首选项→界面命令,打开"首选项"对话框,勾选"自动显示隐藏面板"复选框,如图 2-8 所示,然后单击"确定"按钮。将鼠标指针移动到应用程序窗口边缘,单击出现的条带即可显示面板。

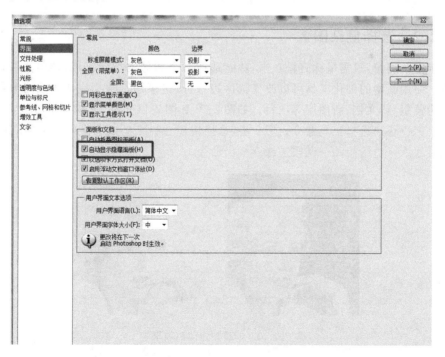

图 2-8　勾选"自动显示隐藏面板"复选框

2.2　Photoshop 新增与改进功能

Photoshop CS5 采用了全新的选择技术,能精确地遮盖和检测最容易出错的图像边缘,使复杂图像的选择变得更加容易。新增的内容识别填充可以填补丢失的像素,此外,图像润饰和逼真的绘图功能,以及三维应用全面简化,使操作更为方面和快捷。

2.2.1　内容识别填充

Photoshop CS5 新增的内容识别填充可以自动从选区周围的图像上取样,然后填充选区,选择编辑→填充→内容识别命令,像素和周围的像素相互融合,如图 2-9 所示。

图 2-9　内容识别填充

2.2.2　选择复杂图像

对于复杂图像,只需鼠标轻松点击,就能选择一个图像的指定区域,调整边缘进行快速构图。使用新增的细化工具可以改变选区边缘、改进蒙版。选择完成以后可直接将选区输出为蒙版、新文档、新图层等项目。如图 2-10 和图 2-11 所示,只需 3 个步骤,第 1 步,选择工具箱→快速选择工具命令;第 2 步,选择快速选择工具→调整边缘命令;第 3 步,选择调整边缘→边缘检测→调整边缘→输出命令。

图 2-10　调整图像前后效果

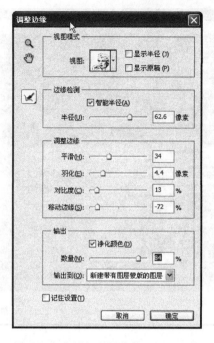

图 2-11　选择复杂图像使用调整边缘

2.2.3　图像操控变形

图像操控变形功能类似于中国皮影戏中的皮影操作动作。选择编辑→操控变形命令,在图像上添加关键节点后,就可以对图像进行变形。图 2-12 所示为大象象牙变形。

图 2-12　使用图像操控变形调整图像

2.2.4　自动镜头校正

"自动镜头校正"滤镜,以及"文件"菜单中的"镜头校正"功能可以查找图片的数据,如图 2-13 和图 2-14 所示。Photoshop 会根据用户使用的相机和镜头类型对色差与晕影等数据做出精确调整。

图 2-13　原始图像

图 2-14　自动镜头校正后的图像效果

2.2.5　HDR 摄影升级

Photoshop CS5 对摄影方面的支持主要体现在图像细节处理上，对于许多细节上的问题，例如高感光上出现的噪点，能够进行有效的遏制。HDR Pro 工具可以合成包围曝光的照片，创建写实或者超现实的 HDR 图像。选择图像→调整→HDR 色调命令，效果如图 2-15 所示。

图 2-15　HDR 色调处理后的图像效果

2.2.6　强大的绘图效果

Photoshop CS5 可以借助混合器笔刷和毛尖笔刷创建逼真、带纹理的笔触。也可以将照片轻松地转变为绘画效果或者为其创建独特的艺术效果。可以通过画笔选项修改画笔的形态,并同时改变绘画效果,选择滤镜→艺术效果→绘画涂抹命令,效果如图 2-16所示。

图 2-16 实现绘图效果处理的图像

2.2.7 更出色的媒体管理

分别使用 Bridge 和 Mini Bridge 面板,能够在工作环境中访问资源,如图 2-17 和图 2-18 所示。

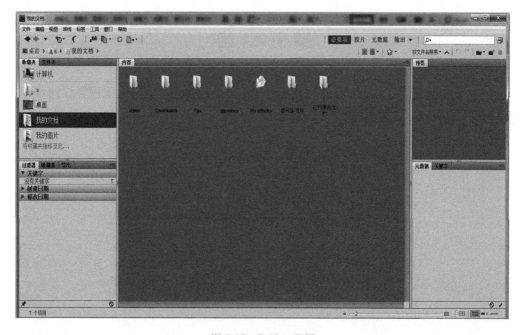

图 2-17 Bridge 面板

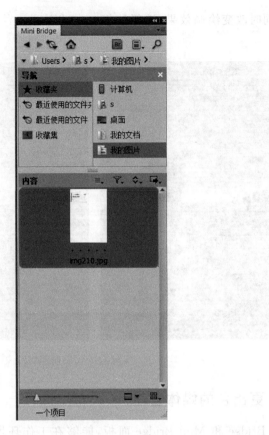

图 2-18   Mini Bridge 面板

单 元 小 结

本单元主要介绍 Photoshop 工作环境、Photoshop 功能与特点,方便读者快速理解并熟悉 Photoshop 工作环境及界面。

单元 3

Photoshop图像文件操作

内容导航

熟悉文件和图像的基本操作、辅助工具的应用、图像显示的控制;掌握变换图像的方法。学习重点:图像的基本操作,变换图像的方法。

3.1 Photoshop 文件的基本操作

3.1.1 新建图像

在启动 Photoshop 后,如果需要建立一个新的图像文件进行编辑,则需要首先新建一个图像文件。其操作过程如下。

选择文件→新建命令,或按 Ctrl+N 组合键,即可弹出"新建"对话框,如图 3-1 所示。在"名称"输入框中可输入新文件的名称。若不输人,Photoshop 默认的新建文件名为"未标题-1",如连续新建多个,则文件按顺序默认为"未标题-2""未标题-3",依此类推。

在"预设"选择框中可选择系统默认的文件尺寸。如需自行设置文件尺寸,可在"宽度"和"高度"选项中分别设置图像的宽度值与高度值。但在设置前需要确定文件尺寸的单位,即在其后面的下拉列表中选择需要的单位,包括像素、英寸、厘米、毫米、点等。

在"分辨率"输入框中可输入数值,可设置图像的分辨率,也可在其后面的下拉列表中选择分辨率的单位,其单位有"像素/英寸"与"像素/厘米"。通常使用的单位为"像素/英寸"。一般用于显示的图像,其分辨率设置为 72 或 96"像素/英寸"。

在"颜色模式"右侧的下拉列表中可选择图像的色彩模式,同时可在该列表框后面设置色彩模式的位数,有 1 位、8 位与 16 位。

在"背景内容"右侧的下拉列表中可设置新图像的背景颜色,其中有"白色""背景色"

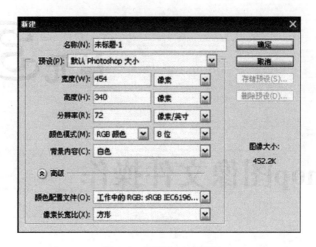

图 3-1　"新建"对话框

与"透明"3 种方式。如果选择"白色"选项,将创建白色背景的文件;选择"背景色"选项,将创建与当前工具箱中背景颜色框中的颜色相同;选择"透明"选项,将创建一个背景为透明效果的文件。

在"高级"选择下单击其左侧按钮,可设置颜色配置文件和像素的长宽比例。

设置好参数后,单击"确定"按钮,即可新建一个空白图像文件,如图 3-2 所示。

图 3-2　新建空白图像文件

3.1.2　打开图像文件

在 Photoshop 中打开图像文件的具体操作步骤如下。

(1) 选择文件→打开命令或按 Ctrl＋O 组合键,弹出如图 3-3 所示的"打开"对话框。

(2) 选择要打开的文件,该文件的名称就会出现在"文件名"文本框中。

(3) 在"文件类型"下拉列表中选择打开文件的类型,默认情况下是"所有格式"。

(4) 单击"打开"按钮,即可打开该文件,如图 3-4 所示。

图 3-3 "打开"对话框

图 3-4 打开文件

　　这里要注意一下，配合 Ctrl 键或 Shift 键可以一次打开多个图像文件。打开一组连续文件，可在单击选定第一个文件后，按住 Shift 键不放，单击最后一个要打开的图像文件，最后单击"打开"按钮。若需打开一组不连续的文件，可在单击选定第一个图像文件后，按住 Ctrl 键不放，单击要选定的其他图像文件，最后单击"打开"按钮。

3.1.3　保存图像文件

　　在编辑完图像文件后，需要将文件保存。其具体操作步骤如下。

　　(1) 选择文件→存储命令或按 Ctrl＋S 组合键，弹出如图 3-5 所示的"存储为"对话框。

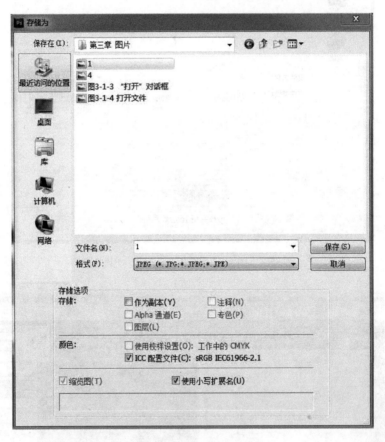

图 3-5　"存储为"对话框

　　(2) 在"保存在"下拉列表中选择该文件的保存位置。

　　(3) 在"文件名"下拉列表中输入该文件的名称"招贴画"。

　　(4) 在"格式"下拉列表中设置好文件的存储格式，单击"保存"按钮即可。

　　(5) 此时打开相应的文件夹，可以看到刚才保存的文件，如图 3-6 所示。

3.1.4　关闭图像文件

　　要关闭某个图像文件，操作方法是：单击窗口右上角"关闭"按钮，或选择文件→关闭

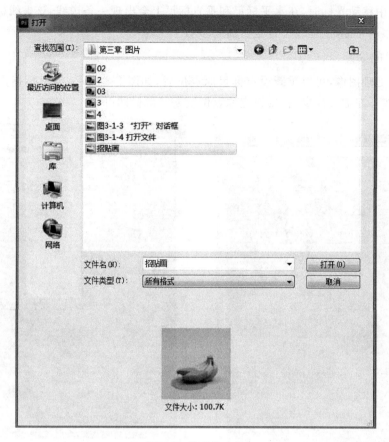

图 3-6　保存的文件

命令，或使用 Ctrl＋W 组合键。若关闭的文件进行了修改而没有保存，则系统会打开一个提示对话框询问用户是否在关闭文件前保存。

3.2　Photoshop 图像标尺与参考线

在使用 Photoshop 处理图像时，常需要使用标尺、参考线、网格线等辅助工具，以便于准确定位图形和文字的位置。

3.2.1　标尺的使用

标尺用来显示光标当前所在位置的坐标和图像尺寸，使用标尺可以更准确地对齐图像对象和选定的范围。

1. 标尺的显示

选择视图→标尺命令或按 Ctrl＋R 组合键，即可以显示或隐藏标尺，如图 3-7 所示。默认设置下，标尺的原点在窗口左上角，其坐标为(0,0)。

在窗口中移动光标时,在水平标尺和垂直标尺上会出现一条虚线,该虚线标出当前位置的坐标,移动光标,该虚线位置也会随之移动。

2. 标尺的设置

为方便处理图像,可以重新设定标尺原点位置,如图 3-8 所示,将鼠标指向标尺左上角方格内,按下左键并拖曳,在要设定原点位置松开鼠标即可。

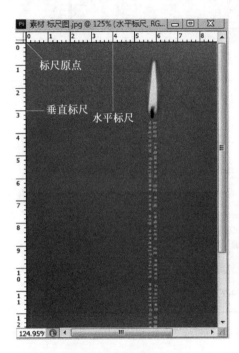

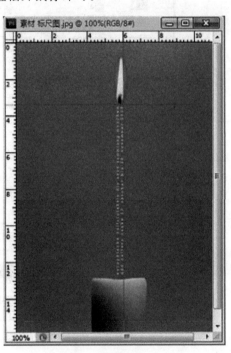

图 3-7　显示标尺　　　　　　　　　　图 3-8　重新设定标尺坐标原点

在处理图像时,有时需要更改标尺的设置,方法如下:选择编辑→首选项→单位与标尺命令,弹出图 3-9 所示对话框,根据实际需要在对话框中设置标尺的单位等选项。默认情况下,标尺的单位是"厘米"。

值得注意的是,实际使用当中,在标尺左上角双击,即可还原标尺的原点位置。

3.2.2　参考线的使用

参考线用于对齐目标,其优点是可以任意设定其位置。可以对参考线进行移动、删除、锁定等操作。

1. 参考线创建方法

(1) 直接将鼠标指针移到标尺上,按住左键不放拖曳鼠标到需要放置参考线的地方,松开鼠标即可。如图 3-10 所示,其中单击水平标尺并拖曳可创建水平参考线,单击垂直标尺并拖曳可创建垂直参考线,且参考线可根据需要创建多条。

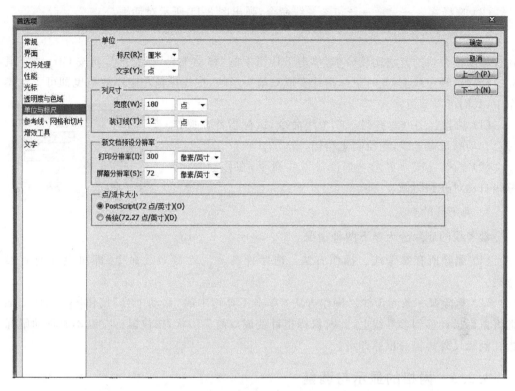

图 3-9 更改标尺设置

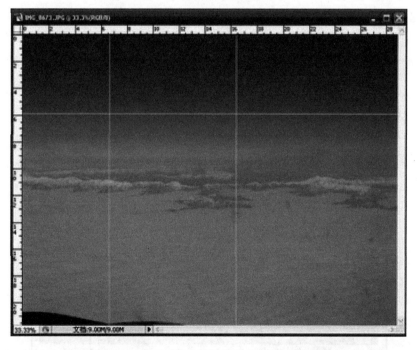

图 3-10 使用标尺和参考线

（2）选择视图→显示→新建参考线命令，弹出图 3-11 所示对话框。

2. 参考线的移动

移动参考线的方法比较简单，单击工具箱中的"移动工具"按钮 ，或按 Ctrl 键将鼠标指针移到参考线上，此时鼠标指针变成双箭头形状，按住鼠标左键不放拖曳即可。在操作中，我们可以知道：

（1）选择视图→对齐到→参考线命令，鼠标指针在操作时会自动贴近参考线，使绘制更精确。

（2）选择视图→显示→智能参考线命令，在移动时，参考线自动对齐到图像。

3. 参考线的删除

图 3-11　新建参考线

参考线的删除分为以下两种情况。

（1）删除所有参考线。操作方法：选择视图→清除参考线命令，即可删除所有参考线。

（2）删除某一条参考线。操作方法：单击工具箱中的"移动工具"按钮 ，或按 Ctrl 键将鼠标指针移到参考线上，此时鼠标指针变成双箭头形状，按住鼠标左键不放移动鼠标指针到标尺外再松开鼠标即可。

3.2.3　网格的显示与调整

网格的主要作用是对齐参考线，以便在操作中对齐图像对象。

1. 网格的显示

选择视图→显示→网格命令，可以显示或隐藏网格，如图 3-12 所示。

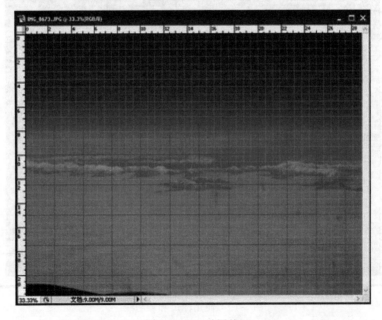

图 3-12　显示网格

2. 网格的设置

选择编辑→首选项→参考线、网格和切片命令，如图 3-13 所示，在对话框里可以对网格进行调整和设置。可以设置颜色、样式等选项。选择视图→对齐到→网格命令，移动图像或选取范围时会自动贴齐网格。当显示网格后，就可以沿着网格线的位置进行对象的选取、移动和对齐等操作。

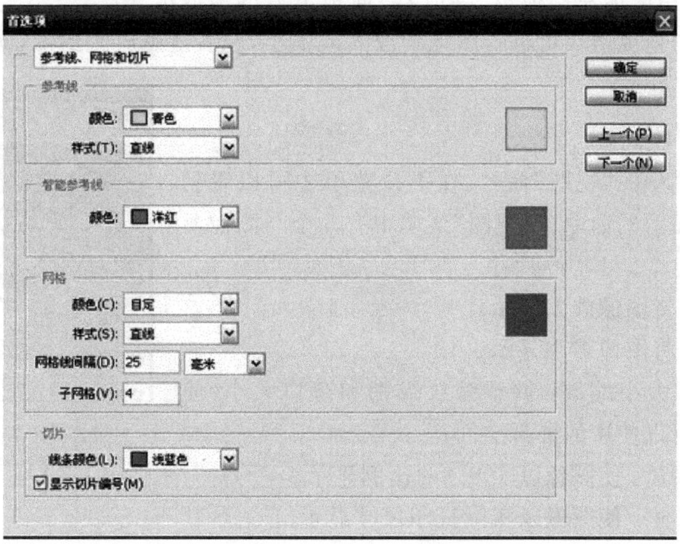

图 3-13　网格的设置

3.3　图像控制与显示

Photoshop 图像显示控制操作是在图像处理中使用较多的一种操作，主要包括图像的缩放、查看图像不同部分和设置屏幕显示模式。

3.3.1　图像缩放和平移

在 Photoshop 中可实现图像控制显示的方法有以下几种。

1. 使用缩放控制工具

单击工具箱中的"缩放工具"按钮，在其选项栏中选择放大选项，单击图像可进行放大；若在选择放大选项后，按住 Alt 键在图像窗口中单击，则将图像缩小，此时光标显示为，继续单击会逐步缩小，如图 3-14 所示。

图 3-14　缩放工具选项栏

在进行缩放控制时,选定缩放工具后,在上双击,则可将图像按实际像素显示,即显示比例为100%;若在工具箱中的"抓手工具"按钮上双击,则可将图像恢复成打开时的显示比例。

2. 使用"导航器"面板

选择窗口→导航器命令,显示"导航器"面板。可在"导航器"面板左下角的文本框里直接输入,也可用鼠标左键拖曳"导航器"面板下方的缩放滑块 改变显示比例。向左右拖曳滑块可进行图像的放大或缩小,向右滑是放大图像,向左滑则是缩小图像,如图3-15所示。

3. 使用"视图"菜单

选择菜单栏中的"视图"命令,在下拉菜单中可以看到有关控制图像显示的命令。"视图"菜单中有5个与图像显示相关的命令。

图 3-15 "导航器"面板

(1)放大:将图像放大显示。

(2)缩小:将图像缩小显示。

(3)按屏幕大小缩放:调整缩放级别和窗口大小,使图像正好填满可以使用的屏幕空间。

(4)实际像素:使图像以100%的比例显示。

(5)打印尺寸:使图像以实际打印尺寸显示。

3.3.2　切换屏幕显示模式

在工具箱中有3个用于切换屏幕模式的按钮,分别为"标准屏幕模式" 、"带有菜单栏的全屏模式" 和"全屏模式" ,如图3-16~图3-18所示。单击3个按钮进行切换,可选择不同的显示模式。F键也可用于不同的显示模式切换。

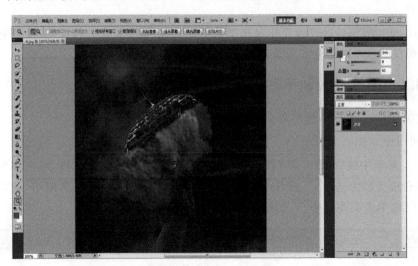

图 3-16　标准屏幕模式

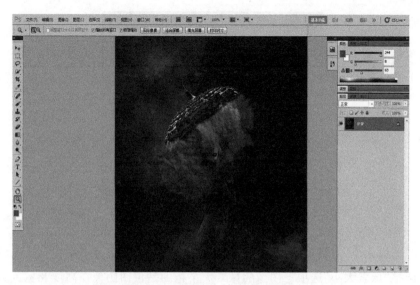

图 3-17　带有菜单栏的全屏模式

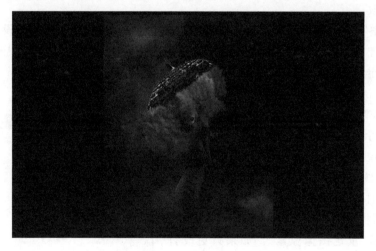

图 3-18　全屏模式

3.4　调整图像尺寸

3.4.1　图像大小和分辨率的调整

在 Photoshop 中,可使用"图像大小"对话框来调整图像的像素大小、打印尺寸和分辨率,设置方法如下。

1. 打开"图像大小"对话框

选择图像→图像大小命令,打开如图 3-19 所示的对话框。

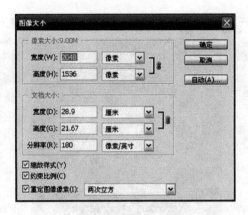

图 3-19　"图像大小"对话框

2. 在"图像大小"对话框中进行调整，更改图像尺寸或图像分辨率

（1）调整"像素大小"选项。图像的像素大小指的是位图图像在高度和宽度方向上的像素总量。"图像大小"选项下的"宽度"和"高度"表示图像像素的数量，可以根据自己的需要进行更改。

（2）调整"文档大小"选项。"文档大小"选项下的"宽度"和"高度"用于设置图像的尺寸大小。打印尺寸和分辨率这两个度量单位称为文档大小，它们决定图像中的像素总量，从而也就决定了图像的文件大小；文档大小还决定图像置于其他应用程序中的基本大小，可根据实际需要进行更改。

（3）调整"分辨率"选项。在"分辨率"输入框中输入一个新值可更改图像分辨率的大小。新的度量单位可根据需要进行更改。

（4）在"约束比例"复选框前打钩，更改图像尺寸时，可保持图像当前的宽高比例。如更改高度时，该选项将自动更新宽度。

图 3-20　"重定图像像素"下拉列表

（5）调整"重定图像像素"。如果只更改打印尺寸或只更改分辨率，并且要按比例调整图像中的像素总量，则一定要选择"重定图像像素"复选框，然后选取相应插值方法。关于"插值方法"，有以下几种选择，如图 3-20 所示。

① "邻近"方法速度快但精度低。

② "两次线性"方法使用两次线性插值。

③ "两次立方"方法速度慢但精度高，可得到最平滑的色调层次。

④ 放大图像时，建议使用"两次立方（较平滑）"。

⑤ 缩小图像时，建议使用"两次立方（较锐利）"。

如果更改打印尺寸和分辨率而不更改图像中的像素总数，则取消选择"重定图像像素"复选框。

值得注意的是,位图数据与分辨率有关,因此,更改位图图像的像素大小可能导致图像品质和锐化程度损失。但是矢量数据与分辨率无关,可以调整其大小而不会降低清晰度。

3.4.2　画布大小调整

Photoshop画布大小命令可用于添加或移去现有图像周围的工作区。该命令还可用于通过减小画布区域来裁切图像。具体操作步骤如下。

(1) 选择文件→打开命令,打开一幅图像,如图3-21所示。

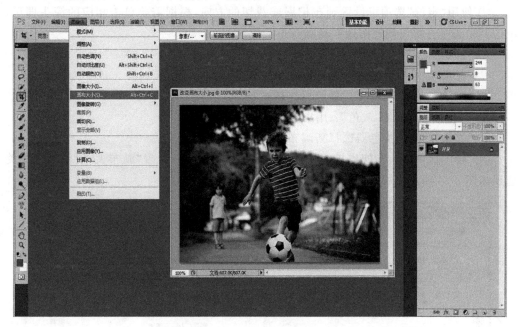

图 3-21　原图

(2) 选择图像→画布大小命令,打开如图3-22所示的对话框。

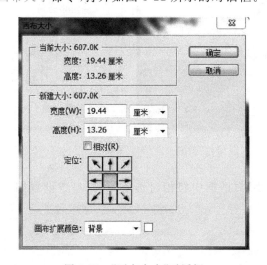

图 3-22　"画布大小"对话框

（3）在"画布大小"对话框中进行调整。

①"当前大小"选项。"当前大小"选项用于显示当前图层尺寸。

②"新建大小"选项。"新建大小"选项用于设置新的画布大小，也可在"宽度"和"高度"文本框中输入预设置的画布尺寸。从"宽度"和"高度"文本框旁边的下拉菜单中选择所需的度量单位。

③"相对"选择前在不勾选的情况下，如果输入的数值大于原来数值，可以扩展画布，扩展后的颜色可以在"画布扩展颜色"选项中选择，如果输入的数值小于原来的数值则可以裁切画布。

④ 使用"定位"选项可设置画布扩展或裁切的方向，根据需要单击相应的箭头即可，单击其中某一方块可确定图像在新画布上的位置。

⑤"画布扩展颜色"有以下 4 个选项，如图 3-23 所示。

a."前景"：用当前的前景颜色填充新画布。

b."背景"：用当前的背景颜色填充新画布。

c."白色""黑色"或"灰色"：用指定颜色填充新画布。

d."其他"：使用拾色器选择新画布颜色。

（4）将图像由中央向四周扩展 2 厘米，扩展颜色为黑色，设置"画布大小"对话框相关选项如图 3-24 所示，效果如图 3-25 所示。

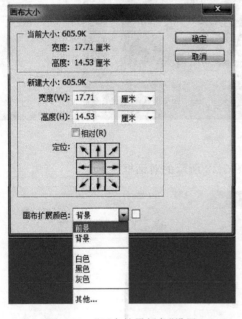

图 3-23 "画布扩展颜色"设置　　　　图 3-24 "画布大小"扩展设置

（5）如在"画布大小"对话框中将相对选项勾选，参数设置如图 3-26 所示，也可以得到同样的扩展效果。

图 3-25 扩展效果图像

图 3-26 勾选"相对"复选框

（6）如果重新设置"画布大小"对话框的参数，如图 3-27 所示，单击"确定"按钮，将弹出如图 3-28 所示的对话框，单击"继续"按钮，图像将被剪切。

（7）剪切后的图像如图 3-29 所示。

图 3-27 重置"画布大小"对话框

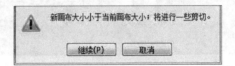

图 3-28 剪切画布

图 3-29 剪切后的图像

3.4.3　使用裁切工具裁切图像

　　裁切主要是裁掉图像中不需要的部分，以形成突出或加强构图的效果。可以使用工具箱中的裁剪工具🔲或裁剪命令来裁切图像，如图 3-30 和图 3-31 所示。

图 3-30　裁切前

图 3-31　裁切后

1. 使用"裁剪"命令裁切图像

（1）创建一个选区，选取需要保留的图像部分。

（2）选择图像→裁剪命令。

需要注意的是，如未创建选区，则图像→裁剪命令不可用。

2. 使用裁剪工具

（1）选择裁剪工具🔲。

（2）把光标放置在图像中要保留的部分上按住鼠标左键拖曳，就可以得到剪切框。选框不必十分精确，以后可以进一步调整。

（3）调整剪切框。

① 剪切框之外的区域被蒙蔽，也就是要剪掉的区域。此时可以根据构图需要调整剪切框的大小，此时按住 Ctrl 键可以更加准确地调整剪切框的大小。如果要在改变选框大小的同时约束比例，在拖曳的同时按住 Shift 键。

② 如要旋转选框，将指针放在选框边界外（待指针变为弯曲的箭头）并拖移。

③ 要完成裁切，可以按 Enter 键，或单击选项栏中的"提交"按钮☑，或者在剪切框内双击。

④ 要取消裁切操作，可以按 Esc 键，或单击选项栏中的"取消"按钮⊘；也可在待处理图像上右击，选择取消命令，如图 3-32 和图 3-33 所示。

图 3-32　确定裁剪区域　　　　图 3-33　裁剪结果

单 元 小 结

本单元介绍了 Photoshop 的基本操作。学习基本操作知识是为更顺利地学习后续课程所做的铺垫。作为学习者应熟悉文件和图像的基本操作、辅助工具的应用、图像显示的控制，还应该掌握变换图像的方法。

単元

图像处理常用工具

　　学习常用工具对图像进行编辑；熟悉常用工具的应用有助于更好地进行后期的图像处理和设计；重点掌握应用填充工具、应用选取工具、应用绘图工具、应用路径工具和应用文字工具。

4.1　Photoshop 选区工具的应用

4.1.1　创建规则选区

　　规则选框工具组包括矩形选框工具、椭圆选框工具、单行选框工具和单列选框工具4 种，它们的使用方法基本相同。图 4-1 所示为规则选框工具组。

1. 矩形选框工具

　　使用矩形选框工具可以在图像中创建形状为矩形的选区。单击工具箱中的"矩形选框工具"按钮，在图像窗口单击并拖曳鼠标即可创建矩形选区，其选项栏如图 4-2 所示。

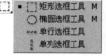

图 4-1　规则选框工具组

图 4-2　矩形选框工具选项栏

　　矩形选框工具选项栏的选项介绍如下。

　　■：单击该按钮可创建一个新选区。

　　■：单击该按钮可在图像中的原有选区基础上添加新的选区。

　　：单击该按钮可在图像中的原有选区基础上减去新的选区。

　　：单击该按钮可创建原有选区和新选区的相交部分。

　　羽化：0像素：如图 4-3 所示,在该文本框中输入数值,可柔化选区边缘,产生渐变过渡的效果,其取值范围为 0~250,数值越大,羽化效果越明显。

　　羽化值为0像素　　　　　　　羽化值为50像素　　　　　　　羽化值为90像素

图 4-3　羽化效果

　　☑消除锯齿：选中该复选框可除去边缘的锯齿,使选区边缘更加平滑,该选项在使用矩形选框工具时为灰色,不可用。

　　样式：正常▼：如图 4-4 所示,单击三角形按钮,下拉列表中有 3 种样式,选择"正常",在图像中单击并拖曳鼠标可创建任意宽度和高度的选区;选择"固定长宽比",输入宽度和高度比值,单击并拖曳鼠标,可创建制定宽度和高度比例的选区;选择"固定大小",输入宽度值和高度值,直接单击即可创建制定大小精确的选区。

图 4-4　样式列表

2. 椭圆选框工具

　　使用椭圆选框工具,可在图像中创建形状为椭圆的选区。单击工具箱中的"椭圆选框工具"按钮○,在图像中单击并拖曳鼠标即可创建椭圆选区,其选项栏如图 4-5 所示。

图 4-5　椭圆选框工具选项栏

　　椭圆选框工具选项栏的各选项与矩形选框工具的基本相同。椭圆选区的宽度和高度分别为椭圆的长轴与短轴。消除锯齿如图 4-6 所示。

3. 单行选框工具和单列选框工具

　　使用单行/单列选框工具可以在图像中创建一个像素宽的行或列的选区。单击工具箱中的"单行/单列选框工具"按钮、,在窗口中直接单击,即可创建单行或单列选区,其选项栏如图 4-7 所示。

消除锯齿未选中

选中消除锯齿

图 4-6　消除锯齿对比

图 4-7 单行/单列选框工具选项栏

这里应该注意以下几点。

（1）在使用选框工具的同时按住 Shift 键，可以创建正方形或正圆形选区。

（2）在使用选框工具的同时按住 Alt 键，可以创建确定中心的矩形或椭圆形选区。

（3）使用选框工具，并同时按住 Shift 键和 Alt 键，可以创建确定中心的正方形或确定中心的正圆形选区。

4.1.2 创建不规则选区

使用不规则选框工具组可以在图像中创建任意曲边或多边形的选区。包括套索工具、多边形套索工具和磁性套索工具 3 种。图 4-8 所示为不规则选框工具组。

1. 套索工具

使用套索工具，可以在图像中创建任意曲边的自由选区。单击工具箱中的"套索工具"按钮 ，其选项栏如图 4-9 所示。

套索工具选项栏的各选项与矩形选框工具基本相同。

选择套索工具，在图像中单击，并拖曳鼠标可创建曲边的选区，如图 4-10 所示。

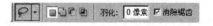

图 4-8 不规则选框工具组　　　　图 4-9 套索工具选项栏　　　　图 4-10 曲边选区

2. 多边形套索工具

使用多边形套索工具，可以创建多边形选区。单击工具箱中的"多边形套索工具"按钮 ，其选项栏如图 4-11 所示。

选择多边形套索工具，在图像中单击设置起点，再次单击即可创建一条直线段，继续单击，可以创建一系列直线段，最后回到起点位置，此时光标右下角有一个小圆圈，单击即可闭合选区，如图 4-12 所示，也可以双击鼠标左键，系统会将起点与终点自动闭合。

图 4-11 多边形套索工具选项栏　　　　图 4-12 直线选区

在创建选区时,按 Alt 键可以在曲边和直线边之间进行切换。在创建选区过程中,单击 Delete 键,可以删除创建的线段。

3. 磁性套索工具

使用磁性套索工具,可以通过颜色进行选取,因为它可以自动根据颜色的反差来确定选区的边缘,使选区边缘紧贴图像中已定义区域的边缘。磁性套索工具特别适用于快速选择边缘与背景有强烈对比的对象。单击工具箱中的"磁性套索工具"按钮 ,其选项栏如图 4-13 所示。

图 4-13　磁性套索工具选项栏

磁性套索工具选项栏的选项介绍如下。

宽度:10像素:可以设置磁性套索工具在进行选取时,能够检测到的边缘宽度,其取值范围为 0~256 像素。数值越小,所检测的范围就越小,选取也就越精确,但同时因为鼠标更难控制,稍有不慎就会移出图像边缘。

边对比度:10%:可以设置磁性套索工具在选取时的敏感度,其取值范围为 1%~100%。数值越大,选取的范围就越精确。

频率:57:可以设置选取时的关键点数(以小方框显示),其取值范围为 0~100。数值越大,标记的关键点就越多,选区就越精确。

钢笔压力:选中该复选框可以使用频率来控制检测的范围。该选项只有在配置光笔或绘图板时才有效。

选择磁性套索工具,在图像中单击设置第一个关键点,然后松开鼠标,将光标沿着所要选取的对象移动,此时,光标会紧贴图像中颜色对比度最大的地方创建选区线。当光标移至起点位置时,光标右下角有一个小圆圈,单击即可闭合选区,如图 4-14 所示。

图 4-14　磁性套索工具抠图

光标移动过程中,如果由于颜色对比度不大,没有紧贴想要选取的边缘,可以单击鼠标,手动添加关键点。在创建选区过程中,单击 Delete 键可以删除绘制的最后一节线段和关键点。

4. 魔棒工具

使用魔棒工具,可以根据制定的容差值,选择色彩一致的选区。单击工具箱中的"魔棒工具"按钮 ,其选项栏如图 4-15 所示。

图 4-15　魔棒工具选项栏

在选项栏的选项中,**容差:32** 可以设置选定颜色的范围,其取值范围为 0~255,数值越大,颜色选取范围越广。选中 ☑ 连续的 复选框,选取时只选择与单击点位置相邻且颜色相近的区域,不选取则选择图像中所有与单击点颜色相近的区域,而不管这些区域是否相连,如图 4-16 所示。选中 ☐ 用于所有图层 复选框,选取时对所有图层起作用,不选择则选取时只对当前图层起作用。

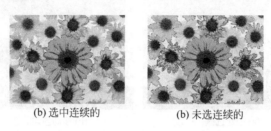

(b) 选中连续的　　　　　(b) 未选连续的

图 4-16　"连续的"属性

同时,创建选区工具可以组合使用,从而创建较复杂的选区,如图 4-17 所示。

图 4-17　组合选区

4.1.3　调整、编辑选区

调整、编辑选区的命令多在"选择"菜单中,如图 4-18 所示。

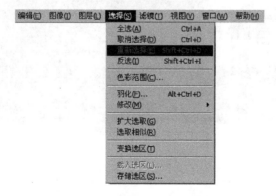

图 4-18　"选择"菜单

1. 移动选区

建立选区后将光标移动到选区时,当光标变为▶时单击,并拖曳鼠标可以移动选区,如图 4-19 所示。

(a) 创建选区　　　　　　　　　　(b) 移动创建的选区

图 4-19　移动选区

注意:移动选区可以在同一个图像窗口中进行,也可以在不同的图像窗口间进行。

2. 全选选区和取消选区

使用"全选"命令,可以将图像的全部作为选择区域。选择**选择→全选**命令,如图 4-20 所示。选择**选择→取消**命令,可以取消当前选区。

图 4-20　全选选区

3. 反选选区

使用"反选"命令,可以将选择区域和非选择区域进行相互转换,通常用于所选择内容复杂而背景简单图像的选取。选择**选择→反选**命令,如图 4-21 所示。

(a) 原选区　　　　　　　　　　　　(b) 反选选区

图 4-21　反选选区

4. 羽化

使用"羽化"命令，可以使选区的边缘产生模糊效果。选择选择→羽化命令，如图 4-22 所示，可在数值框中输入羽化值。

需要注意的是，"羽化"命令在创建选区后设置羽化值，创建选区的工具选项栏的羽化值必须在选区创建之前设置。

图 4-22　"羽化选区"对话框

5. 修改选区

修改选区包括 4 个子命令，"边界""平滑""扩展"和"收缩"，主要用来修改选的边缘。

1) 边界

使用"边界"命令可以做出原选区的扩边的选择区域，即给原选区加框。

在图像窗口创建选区，如图 4-23 所示，选择选择→修改→边界命令，弹出"边界选区"对话框，输入宽度值，如图 4-24 所示，单击"好"按钮，边界效果如图 4-25 所示。

图 4-23　原选区

图 4-24　"边界选区"对话框

2) 平滑

使用"平滑"命令可以通过增加或减少边缘像素，使选区的边缘达到平滑的效果。

在图像窗口创建选区，如图 4-23 所示，选择选择→修改→平滑命令，弹出"平滑选区"对话框，输入取样半径值，如图 4-26 所示，单击"好"按钮，平滑效果如图 4-27 所示。

3) 扩展

使用"扩展"命令可以将选区按所设置像素向外扩大。

图 4-25　边界效果

图 4-26　"平滑选区"对话框

图 4-27　平滑效果

在图像窗口创建选区,如图 4-23 所示,选择选择→修改→扩展命令,弹出"扩展选区"对话框,输入扩展量值,如图 4-28 所示,单击"好"按钮,扩展效果如图 4-29 所示。

图 4-28 "扩展选区"对话框

图 4-29 扩展效果

4）收缩

使用"收缩"命令可以将选区按所设置像素向内收缩。

在图像窗口创建选区，如图 4-23 所示，选择选择→修改→
收缩命令，弹出"收缩选区"对话框，输入收缩量值，如图 4-30
所示，单击"好"按钮，收缩效果如图 4-31 所示。

图 4-30 "收缩选区"对话框

图 4-31 收缩效果

6. 扩大选取

使用"扩大选取"命令,可以将图像中与选区内色彩相近,并连续的区域增加到原选区中。在图像窗口创建选区,选择选择→扩大选取命令,效果如图 4-32 所示。

(a) 原选区　　　　　　　　　　　　　　(b) 扩大选取后的选区

图 4-32　扩大选取效果

7. 选取相似

使用"选取相似"命令,可以将图像中与选区内色彩相近但不连续的区域增加到原选区中。在图像窗口创建选区,选择选择→选取相似命令,效果如图 4-33 所示。

(a) 原选区　　　　　　　　　　　　　　(b) 选取相似后的选区

图 4-33　选区相似效果

8. 变换选区

使用"变换选区"命令,可以对图像中的选区做形状变换,例如,旋转选区、收缩选区、放大选区等。

在图像窗口创建选区,选择选择→变换选区命令,选区的边框会有 8 个小方块,单击小方块并移动,可以缩小或放大选区;当光标在选区外靠近顶角小方块,可以旋转选区;当光标在选区内,可以移动选区。旋转效果如图 4-34 所示。

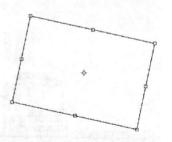

图 4-34　变换选区效果

9. 存储选区和载入选区

使用"存储选区"命令,可以将当前选区存储在通道中,当要再次使用该选区时,将选区载入。

在图像窗口创建选区,选择选择→存储选区命令,弹出"存储选区"对话框,如图4-35所示。输入该选区的名称与参数,单击"确定"按钮保存。

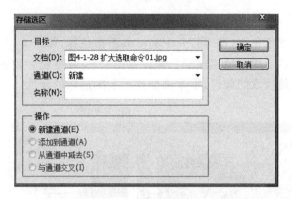

图4-35 "存储选区"对话框

当要使用所存储的选区时,选择选择→载入选区命令,弹出"载入选区"对话框,如图4-36所示。在"通道"下拉菜单中选择选区名称,确认后图像窗口即显示该选区。

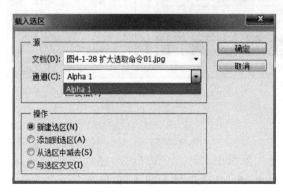

图4-36 "载入选区"对话框

4.2 绘图工具与填充工具的应用

4.2.1 设置绘制颜色

在Photoshop中,前景色用来绘画、填充和描边选区,背景色进行渐变填充和填充图像中被擦除的区域,可以使用Photoshop拾色器、吸管工具、颜色面板和色板面板来设置前景色与背景色的颜色。

前景色/背景色显示框在工具箱中,如图 4-37 所示。系统默认前景色为黑色,背景色为白色。如果查看的是 Alpha 通道,则默认颜色相反。

默认颜色——　转换按钮

在工具箱中单击切换按钮 ，可以切换前景色和背景色;单击默认颜色按钮 ，可以返回默认的前景色和背景色。

图 4-37　前景色/背景色显示框

1. Photoshop 拾色器

单击前景色/背景色色块,即可打开 Photoshop 拾色器,如图 4-38 所示。通过取样点从彩色域中选取颜色,或用数值定义颜色来设置前景色/背景色。颜色滑块右边的颜色矩形,上半部分显示当前选取的颜色,下半部分显示上次选取的颜色。

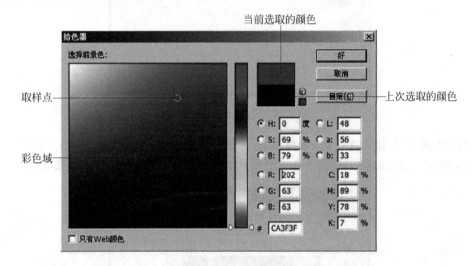

图 4-38　拾色器

2. 吸管工具

使用吸管工具可以从图像中取样颜色,并可以制定为新的前景色或背景色。单击工具箱中的"吸管工具"按钮 ，其选项栏如图 4-39 所示。

选择吸管工具,选择"取样大小"选项中的"取样点",在图像中想要的颜色上单击即可将该颜色设置为新的前景色;如果在单击颜色时,同时按住 Alt 键,则可以将选中的颜色设置为新的背景色。如果选择"3×3 平均"或"5×5 平均",则读取的颜色为单击区域内指定像素数的平均值。

图 4-39　吸管工具选项栏

3. 颜色面板

选择窗口→颜色面板命令,可打开颜色面板,如图 4-40 所示。

颜色面板左上角有前景色/背景色显示框,可以单击面板的前景色/背景色块设置颜色,也可以选择不同的颜色模式,使用面板中的滑块来设置前景色/背景色,如图 4-41 所示。

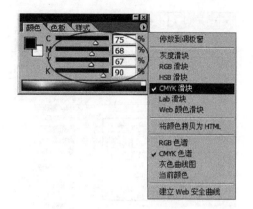

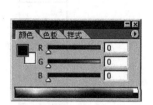

图 4-40 颜色面板   图 4-41 颜色面板菜单

4. 色板面板

选择窗口→色板面板命令,可以打开色板面板,如图 4-42
所示。

使用色板面板,不仅可以设置前景色/背景色,还可以创
建自定义色板集。

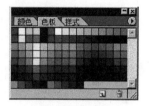

图 4-42 色板面板

4.2.2 绘图工具组

绘图工具组包括画笔工具和铅笔工具,是用来绘制图形的,它们的使用方法基本
相同。

1. 画笔工具

使用画笔工具,可以绘制柔软而有明显粗细变化的图形。单击工具箱中的"画笔工
具"按钮 ,其选项栏如图 4-43 所示。

图 4-43 画笔工具选项栏

画笔工具选项栏的选项介绍如下。

画笔 ：单击三角形按钮,可显示画笔样式列表,如图 4-44 所示。在此可调整画笔大
小、选择画笔笔尖形状。在列表菜单中可以追加更多的笔尖形状。

模式 正常 ：单击三角形按钮,显示模式列表,如图 4-45 所示。单击可选择画笔颜色与
原图像的颜色叠加模式。

不透明度 100% ：该选项可设置画笔色彩的不透明度,输入不同值,不同效果如图 4-46 所示。

流量 100% ：该选项可设置当前画笔颜色的浓度,输入不同值,不同效果如图 4-47 所示。

：单击该按钮可将画笔作为喷枪使用,能绘制出边缘更柔和的图形。

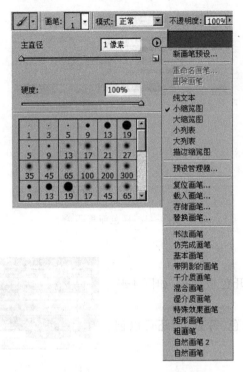

图 4-44　画笔样式列表 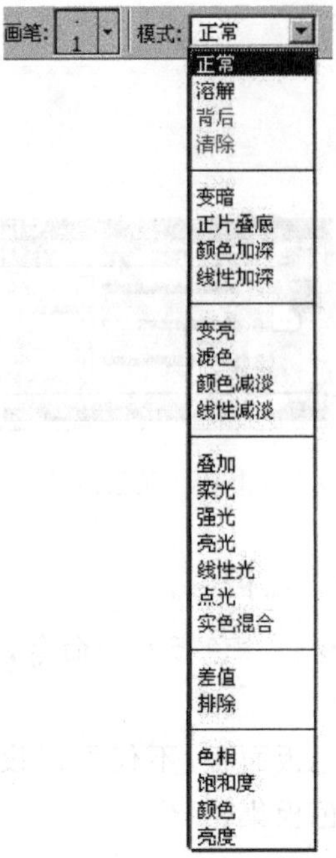　　　　　　　图 4-45　画笔模式列表

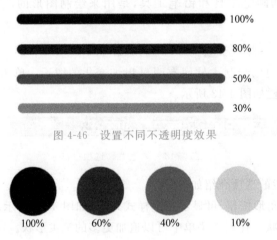

图 4-46　设置不同不透明度效果

图 4-47　设置不同浓度效果

　　🔲单击该按钮,显示画笔面板,如图 4-48 所示。通过在画笔面板设置画笔的属性可绘制出更多效果图形。

　　画笔面板的选项介绍如下。

　　(1) 画笔笔尖形状:单击该选项,如图 4-49 所示,可以选择画笔笔尖的形状,设置笔尖直径、角度、硬度、间距等属性。取值不同绘制效果如图 4-50 所示。

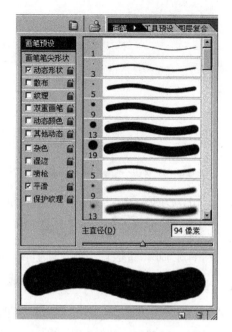
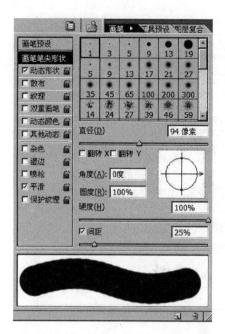

图 4-48 画笔面板 　　　　　　　　　　图 4-49 画笔笔尖形状

间距为1%，硬度为100%，角度为0°

间距为60%，硬度为100%，角度为45°

间距为60%，硬度为45%，角度为100°

图 4-50 设置不同笔尖属性效果

① 直径：设置画笔笔尖的大小，取值范围为 1～2500。

② 角度：设置画笔绘制时的角度，取值范围为 −180°～180°。

③ 硬度：设置画笔边界的柔和程度，取值范围为 0～100%。

④ 间距：设置两个绘制点之间的距离，取值范围为 1%～1000%。

（2）☑动态形状：单击该选项，如图 4-51 所示，可以设置画笔绘制时的动态特征。绘制效果如图 4-52 所示。

① 大小抖动：设置画笔绘制时笔尖大小随机抖动的效果，取值范围为 0～100%。输入值越大，抖动越明显。

② 角度抖动：设置画笔绘制时笔尖角度随机抖动的效果，取值范围为 0～100%。输入值越大，抖动越明显。

③ 圆度抖动：设置画笔绘制时笔尖圆度随机抖动的效果，取值范围为 0～100%。输入值越大，抖动越明显。

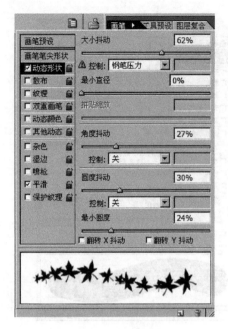

图 4-51　动态形状

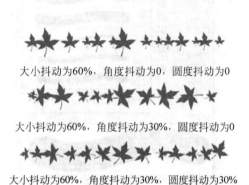

大小抖动为60%，角度抖动为0，圆度抖动为0

大小抖动为60%，角度抖动为30%，圆度抖动为0

大小抖动为60%，角度抖动为30%，圆度抖动为30%

图 4-52　设置不同动态形状属性效果

（3）☐散布：单击该选项，如图 4-53 所示，可以设置画笔绘制时笔尖随机散布的效果。绘制效果如图 4-54 所示。

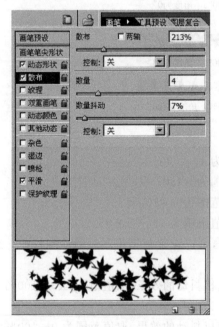

图 4-53　散布

图 4-54　设置散布属性效果

① 散布：设置画笔绘制时笔尖随机散布的程度。

② 数量：设置画笔绘制时笔尖随机散布的点数。

③ 数量抖动：设置画笔绘制时笔尖随机散布的抖动数量。

（4）□纹理：单击该选项，如图 4-55 所示，可以使画笔绘制出具有纹理效果的图案。绘制效果如图 4-56 所示。

图 4-55　纹理

图 4-56　设置纹理属性效果

① ：在下拉列表中可以选择绘制的纹理图案。

② 缩放：设置纹理图案的缩放比例。

③ 模式：设置画笔和纹理之间的混合模式。

④ 深度：设置纹理显示的明暗程度。

（5）□动态颜色：单击该选项，如图 4-57 所示，可以设置画笔颜色的显示效果。绘制效果如图 4-58 所示。

① 前/背景抖动：设置画笔在绘制时颜色的抖动范围。

② 色相抖动：设置画笔在绘制时颜色的色相抖动。

③ 饱和度抖动：设置画笔在绘制时颜色的饱和度抖动。

④ 亮度抖动：设置画笔在绘制时图案的亮度抖动。

⑤ 纯度抖动：设置画笔在绘制时颜色的纯度抖动。

（6）□杂色：选中该选项，可以使绘制的图案产生杂点效果。

（7）□湿边：选中该选项，可以使绘制的图案产生水印效果。

（8）□喷枪：选中该选项，可以模拟传统的喷枪效果。

（9）☑平滑：选中该选项，可以使绘制的线条产生更顺畅的曲线。

（10）□保护纹理：对所有的画笔使用相同的纹理图案和缩放比例，选中该选项后，当使用多支画笔时，可模拟一致的画布纹理效果。

图 4-57　动态颜色　　　　　　　　图 4-58　设置动态颜色属性效果

2. 铅笔工具

使用铅笔工具,可以绘制硬边的图形。单击工具箱中的"铅笔工具"按钮 ,其选项栏如图 4-59 所示。

图 4-59　铅笔工具选项栏

铅笔工具选项栏的各选项与画笔工具的基本相同,其中"自动抹掉"有擦除功能。选中该复选框使用铅笔,绘制起点像素颜色与前景色相同时,绘制图案将显示背景色,与前景色不同时,则显示前景色。

3. 自定义画笔

画笔样式列表中所列的笔尖形状是常用的形状,除了使用这些画笔笔尖形状外,还可以使用"画笔预设"命令,将指定图形定义成画笔笔尖形状。其具体操作步骤如下。

(1) 打开一幅图像,选择矩形选框工具,用矩形选框工具选定要定义的图形,如图 4-60 所示。

图 4-60　选择定义图形

（2）选择编辑→定义画笔预设命令，弹出"画笔名称"对话框，如图 4-61 所示。

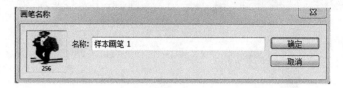

图 4-61　"画笔名称"对话框

（3）输入画笔名称，单击"确定"按钮，画笔定义完成。打开画笔面板，面板中将会显示所定义画笔，如图 4-62 所示。

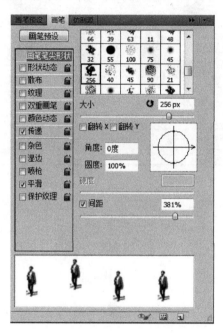

图 4-62　显示定义画笔

（4）在画笔面板设置画笔"大小""间距"等属性，用新定义的画笔绘制效果，如图 4-63 所示。

4.2.3　橡皮擦工具组

橡皮擦工具组主要包括橡皮擦工具、背景色橡皮擦工具和魔术橡皮擦工具 3 种。图 4-64 所示为橡皮擦工具组。

1. 橡皮擦工具

使用橡皮擦工具，可以擦除图像内容。单击工具箱中的"橡皮擦工具"按钮 ，其选项栏如图 4-65 所示。

选中 复选框，可以将擦除区域恢复到未擦除前的状态。

图 4-63　新画笔绘制效果

图 4-64　橡皮擦工具组

图 4-65　橡皮擦工具选项栏

　　如果当前图层为背景图层,擦除后的区域以背景色填充,效果如图 4-66 所示;如果当前图层为非背景图层,擦除后的区域为透明,效果如图 4-67 所示。

2. 背景色橡皮擦工具

　　使用背景色橡皮擦工具,可以擦除画笔范围内与单击点颜色相近的区域,被擦除区域为透明。单击工具箱中的"背景色橡皮擦工具"按钮 ,其选项栏如图 4-68 所示。

　　选中 复选框,擦除时图像中与前景色相近的区域受保护,不会被擦除。画笔笔尖大小可以限制擦除的范围,如图 4-69 所示。

3. 魔术橡皮擦工具

　　使用魔术橡皮擦工具,可以一次性擦除与单击点颜色相近的区域,擦除后区域为透明。单击工具箱中的"魔术橡皮擦工具"按钮 ,其选项栏如图 4-70 所示。

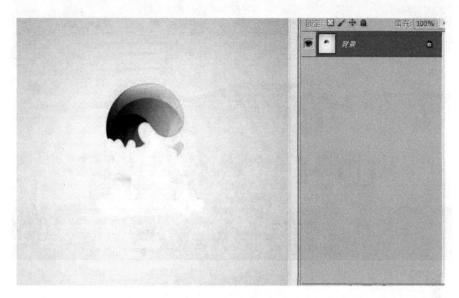

图 4-66　擦除背景图层

图 4-67　擦除非背景图层

图 4-68　背景色橡皮擦工具选项栏

图 4-69　使用背景色橡皮擦工具

图 4-70　魔术橡皮擦工具选项栏

　　选择魔术橡皮擦工具，单击要擦除的背景，可以快速将图案从背景中抠取出来，如图 4-71 所示。

图 4-71　使用魔术橡皮擦工具

4.2.4　填充工具组

1. 渐变工具

渐变工具可以给图像填充多种颜色之间的逐渐混合效果,应用非常广泛,常用来制作背景和立体物体等效果。单击工具箱中的"渐变工具"按钮，其选项栏如图 4-72 所示。

图 4-72　渐变工具选项栏

渐变工具选项栏的选项介绍如下。

：单击三角形按钮,会弹出渐变效果列表,可在列表中选择渐变效果,如图 4-73 所示。如果需要更多的渐变效果,可单击列表菜单右侧三角形按钮,在下拉菜单中选择需要添加的效果。

图 4-73　渐变效果

：该项可以选择渐变的类型,包括线性渐变、径向渐变、角度渐变、对称渐变和菱形渐变 5 种,渐变填充效果如图 4-74 所示。图中箭头表示拖曳鼠标的位置和方向。

(a)线性渐变　　(b)径向渐变　　(c)角度渐变　　(d)对称渐变　　(e)菱形渐变

图 4-74　不同类型的渐变填充效果

：单击该选项,得到的渐变效果与设置的渐变颜色相反。

 ：单击该选项,可以使渐变效果过渡得更平滑。

 ：单击该选项,可启用编辑渐变时设置的透明效果,填充渐变时得到透明效果。

单击选项栏中的渐变条,会弹出"渐变编辑器"对话框,用户可以自己编辑渐变效果,如图 4-75 所示。

图 4-75　"渐变编辑器"对话框

"渐变编辑器"对话框中的各项参数介绍如下。

预设：显示了系统提供的渐变效果。

渐变类型：该项包括实底和杂色两种。选择"实底"可以编辑均匀过渡的渐变效果;选择"杂色"可以编辑粗糙的渐变效果。

平滑度：该项可以调整渐变效果光滑、细腻的程度。

渐变编辑条：该项用来编辑渐变效果。拖曳渐变条上面的色标,可以更改渐变的不透明度,在渐变条上面单击可以添加不透明度;拖曳渐变条下面的色标,可以更改实色渐变均匀过渡的程度,在渐变条下面单击可以添加实色;单击色标并拖出渐变条可以删除色标。

2. 油漆桶工具

使用油漆桶工具,可以快速给图像填充前景色或图案。单击工具箱中的"油漆桶工具"按钮 ,其选项栏如图 4-76 所示。

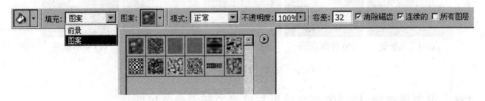

图 4-76　油漆桶工具选项栏

油漆桶工具选项栏中"填充"包括前景和图案两种填充方式。选择"前景"填充时,填充的内容为当前的前景色颜色;选择"图案"填充时,可以在"图案"中选择所需的内容。图案填充后效果如图 4-77 所示。

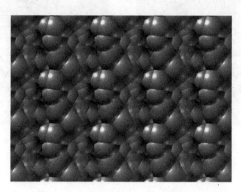

图 4-77　图案填充效果

4.3　修饰工具的运用

4.3.1　图章工具组的使用

图章工具组是用来修改图像,使图像更加完美的,包括仿制图章工具和图案图章工具。图 4-78 所示为图章工具组。

1. 仿制图章工具

使用仿制图章工具,可以从图像中取样,然后将取样应用到其他图像或同一图像的不同部分上,达到复制图像的效果。单击工具箱中的"仿制图章工具"按钮，其选项栏如图 4-79 所示。选项栏的各选项与画笔工具的基本相同。

图 4-78　图章工具组

图 4-79　仿制图章工具选项栏

图 4-80　设置取样点

选中"对齐的"复选框,每次绘制图像时会重新对位取样;不选,则取样不齐,绘制的图像具有重叠性。选中"用于所有图层"复选框,取样为所有显示的图层;不选,则只从当前图层中取样。

选择仿制图章工具,按下 Alt 键,在要复制的图像内容上单击设置取样点,此时,光标变为十字标记，如图 4-80 所示。选中"对齐的"复选框,则图像整齐,效果如图 4-81 所示;清除"对齐的"复选框,则图像重叠,效果如图 4-82 所示。

图 4-81　选择"对齐的"复制效果　　　　　图 4-82　不选"对齐的"复制效果

2. 图案图章工具

使用图案图章工具,可以用定义的图案来绘制,以达到复制图案的效果。单击工具箱中的"图案图章工具"按钮，其选项栏如图 4-83 所示。选项栏的各选项与仿制图章工具的基本相同。

图 4-83　图案图章工具选项栏

单击选项栏中"图案"的三角形按钮,选择要复制的图案,在图像中绘制即可,如图 4-84 所示。

(a)　　　　　　　　　　　　　　　(b)

图 4-84　选择或不选"对齐的"复制图案效果

4.3.2　图像的修复

修复工具组的功能类似于图章工具组,常用的主要有修复画笔工具、修补工具等。图 4-85 所示为修复工具组。

图 4-85　修复工具组

1. 修复画笔工具

修复画笔工具综合了仿制图章工具和图案图章工具的功能,同时可以将复制内容与图像底色相融合,互为补色图案。单击工具箱中的"修复画笔工具"按钮 ,其选项栏如图 4-86 所示。选项栏的各选项与图案图章工具基本相同,使用方法也相同。

图 4-86　修复画笔工具选项栏

选择源→取样命令,在图像中选择取样点,并复制图像,如图 4-87 所示。
选择源→图案命令,复制图像,如图 4-88 所示。

图 4-87　使用修复画笔取样复制

图 4-88　使用修复画笔复制图案

2. 修补工具

修补工具与修复画笔工具相似。单击工具箱中的"修补工具"按钮 ,其选项栏如图 4-89 所示。

图 4-89　修补工具选项栏

选择修补工具,在选项栏中选中"目标"单选按钮,在图像中单击并拖曳鼠标选出要复制的图像内容,然后将选区拖曳至要复制的区域即可,如图 4-90 所示。选择"源"单选按钮,则与目标相反,先选择要复制的区域,再将其选区拖至要复制的图像内容上。

(a) 选择目标内容

(b) 修补后效果

图 4-90　使用修补工具复制图像

4.3.3　图像的修饰

修饰工具是用来对图像进行特殊处理的,包括模糊工具组和减淡工具组,如图 4-91 所示。

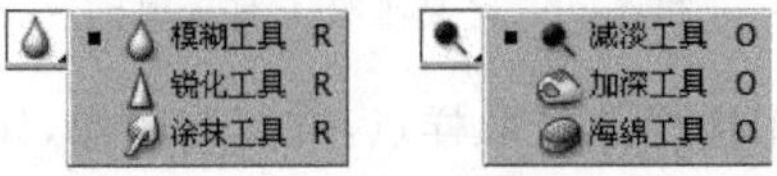

图 4-91　模糊工具组和减淡工具组

1. 模糊工具和锐化工具

使用模糊工具,可以软化图像中硬边或区域,减少细节,使边界变得柔和;锐化工具正好相反,可以锐化软边来增加图像的清晰度。模糊工具和锐化工具选项栏如图 4-92 所示。

图 4-92　模糊工具和锐化工具选项栏

选择模糊工具和锐化工具,在图像中单击并涂抹,效果如图 4-93 所示。

(a) 原图　　　　　　　　(b) 模糊后　　　　　　　　(c) 锐化后

图 4-93　模糊和锐化效果

2. 涂抹工具

使用涂抹工具,可以模拟在未干的画中将湿颜料拖移后的效果。该工具挑选笔触开始位置的颜色,然后沿拖移的方向扩张融合。单击工具箱中的"涂抹工具"按钮,其选项栏如图 4-94 所示。使用涂抹工具后效果如图 4-95 所示。

图 4-94　涂抹工具选项栏

选择涂抹工具,选中"手指绘画"复选框,可以使用前景色涂抹,并且在每一笔的起点与图像中的颜色融合;不选此项,则以每一笔的起点颜色涂抹。

3. 减淡工具和加深工具

减淡工具和加深工具是用来加亮和变暗图像区域的。减淡工具和加深工具选项栏如

(a) 原图   (b) 涂抹后

图 4-95   涂抹效果

图 4-96 所示。

图 4-96   减淡工具和加深工具选项栏

分别选择减淡工具和加深工具,打开"范围"下拉菜单,选择修改图像的色调范围。

中间调:修改图像的中间色调区域,即介于暗调和高光之间的色调区域。

暗调:修改图像的暗色部分,如阴影区域等。

高光:修改图像高光区域。

绘制效果如图 4-97 所示。

(a) 原图   (b) 减淡后   (c) 加深后

图 4-97   减淡和加深效果

4. 海绵工具

使用海绵工具,可以改变图像区域的色彩饱和度,在灰度模式中,海绵工具通过将灰色阶远离或移到中灰来增加或降低对比度。单击工具箱中的"海绵工具"按钮 ,其选项栏如图 4-98 所示。

图 4-98   海绵工具选项栏

选择海绵工具,在"流量"选框中输入压力值,激活菜单,选择更改颜色的方式如下。

加色:可以增加图像颜色的饱和度,使图像中的灰色调减少。当已是灰色图像时,则会减少中间灰度色调颜色。

去色：可以降低图像的饱和度，从而使图像中的灰度色调增加。当已是灰度图像时，则会增加中间灰度色调。

绘制效果如图 4-99 所示。

(a)原图   (b)选择加色   (c)选择去色

图 4-99　加色和去色效果

4.4　查看工具

4.4.1　缩放工具

使用缩放工具，可以将图像视图等比例放大或缩小。单击工具箱中的"缩放工具"按钮 🔍 ，其选项栏如图 4-100 所示。

图 4-100　缩放工具选项栏

缩放工具选项栏的主要选项介绍如下。

🔍🔍：单击该按钮，选择放大工具或缩小工具。

调整窗口大小以满屏显示：选中此复选框，在放大或缩小图像显示比例的过程中，系统会自动调整图像窗口的大小以适应图像的显示大小，使图像始终以满屏方式显示。

忽略调板：选中此复选框，在以"调整窗口大小以满屏显示"方式扩大图像显示比例时，图像窗口将随图像的放大而放大，不管控制面板是否遮挡了图像窗口；不选，在放大图像的过程中，图像窗口扩大到一定程度后，将不再扩大，以避免控制面板遮挡了图像窗口，而影响图像的查看。

实际像素：单击该按钮，可使图像以 100％比例显示，显示器屏幕的一个光点显示图像中的一个像素。

满画布显示：单击该按钮，可根据 Photoshop 空白桌面的大小自动调整图像窗口的大小和图像的显示比例，以最适合的方式显示。

打印尺寸：单击该按钮，可根据图像的尺寸和分辨率计算出来的打印尺寸进行显示。

选择缩放工具，将光标移到图像窗口单击，图像将以单击点为中心放大；按住 Alt 键单击鼠标，图像将以单击点为中心缩小。在图像窗口中单击鼠标左键并拖曳，可将选框内图像放大。图像视图最大可放大到 3200%。

4.4.2 抓手工具

当图像尺寸较大或放大显示比例后,图像窗口将不能完全显示全部图像,此时,若想查看未显示的区域,必须通过滚动条或抓手工具来移动图像显示区域。单击工具箱中的"抓手工具"按钮,其选项栏如图 4-101 所示。

图 4-101 抓手工具选项栏

选择抓手工具,在图像窗口单击并拖曳鼠标,图像就会随着鼠标的移动而移动。这里要注意,如按 Ctrl+ + 组合键,可快速放大图像;按 Ctrl+ - 组合键,可快速缩小图像。如双击"缩放工具"按钮,可使图像以 100% 比例显示。如双击"抓手工具"按钮,可使图像以满画布方式显示。

4.5 路径工具的应用

4.5.1 路径基本概念

路径可以是点、线条或形状,是由锚点、曲线段、方向线和方向点组成的,如图 4-102 所示。

组成路径的基本点称为锚点,两个锚点之间的线段称为曲线段。由锚点拖曳出的线段称为方向线。方向线的端点称为方向点。拖曳方向点,改变方向线的长度和角度,曲线段的形状随之改变。路径的形状是由锚点的位置、方向线的长度和角度决定的。

路径分为开放路径和闭合路径,如图 4-103 所示。闭合路径起点和终点相连,可以与选区之间相互转换。

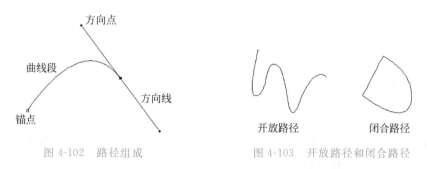

图 4-102 路径组成   图 4-103 开放路径和闭合路径

4.5.2 钢笔工具组

钢笔工具组是用来创建和修改路径的,包括钢笔工具、自由钢笔工具、添加锚点工具、删除锚点工具和转换点工具 5 种,图 4-104 所示为钢笔工具组。

1. 钢笔工具

钢笔工具是创建路径的基本工具。使用钢笔工具,可以创建点、直线路径或曲线路径。单击工具箱中的"钢笔工具"按钮，其选项栏如图 4-105 所示。

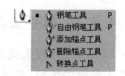

图 4-104　钢笔工具组

钢笔工具选项栏的选项介绍如下。

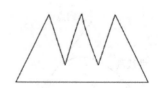

图 4-105　钢笔工具选项栏

▫：单击该按钮,创建路径时,不仅显示路径,同时还可创建形状图层。

▣：单击该按钮,创建路径时,只显示路径,不创建形状图层。

▫：单击该按钮,创建路径时,系统会自动以前景色填充所创建的区域,而不显示路径。

◈◈：可以在该组按钮中选择钢笔工具或自由钢笔工具,使两者之间相互转换。

▫▫○○╲❀▾：可以在该组按钮中选择要创建的基本形状,还可以在下拉菜单中设置参数,得到更多的形状。

☑自动添加/删除：选中该复选框,当选择钢笔工具时,将光标移至曲线段单击,则系统会自动添加锚点;当光标移至锚点单击,则自动删除该锚点。

选择钢笔工具,在图像窗口中单击确定起始锚点,然后继续多次单击,确定更多个锚点,最后按 Ctrl 键在路径外任一点单击,可创建开放的直线路径。最后一个锚点为实心小方块,如图 4-106 所示。

当最后一个锚点与起始锚点位置相同时,光标右下角会出现一个小圆圈,此时单击可创建闭合的直线路径,如图 4-107 所示。

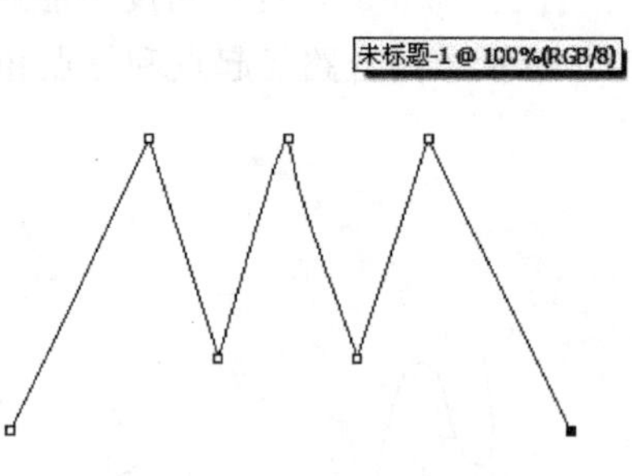

未标题-1 @ 100%(RGB/8)

图 4-106　开放的直线路径　　　　图 4-107　闭合的直线路径

创建路径确定锚点时,单击鼠标拖曳出方向线,对方向线进行长度和角度的调整可创建开放和闭合的曲线路径,如图 4-108 所示。

2. 自由钢笔工具

自由钢笔工具可以创建任意形状,使用方法与套索工具相似。单击工具箱中的"自由钢笔工具"按钮，在图像中单击并拖曳,系统会自动添加锚点,创建的路径为鼠标拖曳

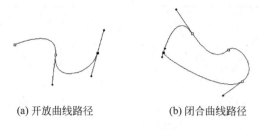

(a) 开放曲线路径　　　　　　(b) 闭合曲线路径

图 4-108　曲线路径

的轨迹形状。自由钢笔工具选项栏如图 4-109 所示。

图 4-109　自由钢笔工具选项栏

自由钢笔工具选项栏的选项介绍如下。

曲线拟合：确定路径中自动添加的锚点数量，输入值越大，锚点数越少。取值范围为 0.5～10.0 像素。

磁性的：选中该复选框，宽度、对比、频率属性被激活，此时，自由钢笔工具转换为磁性钢笔工具，使用方法与磁性套索工具相似。

宽度：设置磁性钢笔检测的范围，输入值越大，检测范围越大。

对比：设置边缘像素之间的对比度。

频率：设置路径中锚点的密度，输入值越大，路径上锚点密度越大。

钢笔压力：该选项只有选择磁性的复选框后才有效。如果使用的是光笔绘图板，选择该选项时，钢笔压力的增加将导致宽度的值减小。

3. 添加锚点工具

使用添加锚点工具，可以通过在路径上添加锚点来调整路径的形状。单击工具箱中的"添加锚点工具"按钮，将光标移至曲线段上要添加锚点的位置，光标右下角会出现"＋"，单击，则该处会增加一个锚点，如图 4-110 所示。

4. 删除锚点工具

使用删除锚点工具，可以删除路径上不用的锚点来调整路径形状。单击工具箱中的"删除锚点工具"按钮，将光标移至曲线段上要删除锚点的位置，光标右下角会出现"－"，单击，则该锚点被删除，如图 4-111 所示。

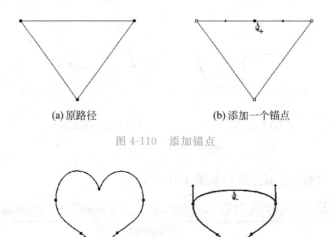

(a) 原路径   (b) 添加一个锚点

图 4-110   添加锚点

(a) 原路径   (b) 删除一个锚点

图 4-111   删除锚点

5. 转换点工具

使用转换点工具,可以调整路径的形状。单击工具箱中的"转换点工具"按钮 $\bigwedge$,将光标移至需要转换的锚点上,单击并拖曳方向点来调整路径。

选择钢笔工具,单击五角形的一个锚点并拖曳,调整其方向线的长度和角度,可将直线型锚点调整为曲线型锚点。调整路径如图 4-112 所示。

将曲线型锚点转换成直线型锚点,只需在该锚点上直接单击即可。调整后路径效果如图 4-113 所示。

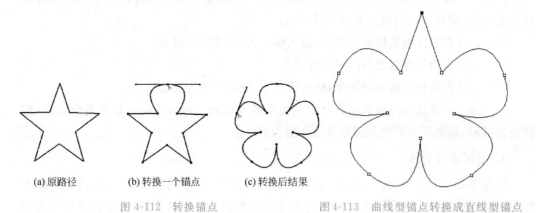

(a) 原路径   (b) 转换一个锚点   (c) 转换后结果

图 4-112 转换锚点   图 4-113   曲线型锚点转换成直线型锚点

4.5.3   使用规则形状工具组

规则形状工具组包括矩形工具、圆角矩形工具、椭圆工具、多边形工具、直线工具和自定形状工具,图 4-114 所示为规则形状工具组。

图 4-114   规则形状工具组

在该工具组中可以选择要创建的基本形状,还可以单击选项栏中的形状选择按钮,设置参数,创建更多的形状,如图 4-115 所示。

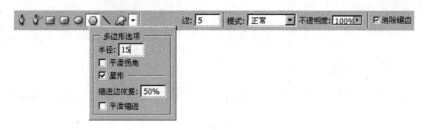

图 4-115 规则形状工具选项栏

4.5.4 选择工具

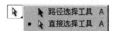

图 4-116 路径选择工具组

选择工具是对路径或锚点进行位置调整的,包括路径选择工具和直接选择工具。图 4-116 所示为路径选择工具组。

1. 路径选择工具

路径选择工具主要用来调整路径的位置。单击工具箱中的"路径选择工具"按钮 ,其选项栏如图 4-117 所示。

图 4-117 路径选择工具选项栏

在图像窗口创建路径,选择路径选择工具,将光标移动到路径内单击并拖曳,可以移动路径。此时,被移动路径上的锚点全部显示为实心小方块,如图 4-118 所示。

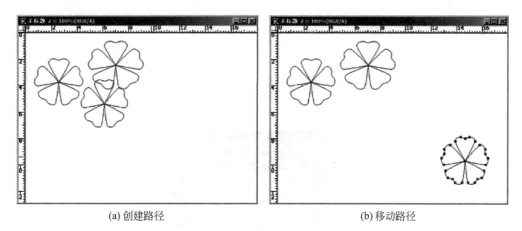

(a) 创建路径　　　　　　　　　　(b) 移动路径

图 4-118 移动路径

单击并拖曳选框,选择图像窗口所有路径,单击选项栏中"垂直中齐",则形状排列在同一条水平线上,再单击"水平居中分布",则形状等距离分布,如图 4-119 所示。

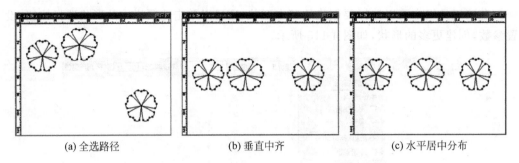

(a) 全选路径　　　　　　　(b) 垂直中齐　　　　　　　(c) 水平居中分布

图 4-119　"对齐"路径和"分布"路径

2. 直接选择工具

直接选择工具主要用来调整路径上锚点的位置。在图像窗口创建路径，单击工具箱中的"直接选择工具"按钮 ，此时，路径上所有的锚点显示为空心小方块，单击锚点调整该锚点的位置，单击并拖曳方向点，可调整路径的形状，如图 4-120 所示。

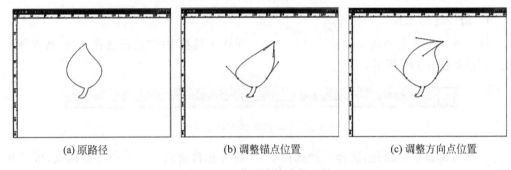

(a) 原路径　　　　　　　　(b) 调整锚点位置　　　　　　(c) 调整方向点位置

图 4-120　使用直接选择工具

4.5.5　编辑路径与应用

1. 路径面板

路径面板可以将路径存储、复制和删除，还可以对路径进行填充和描边等操作。选择窗口→路径命令，打开路径面板，如图 4-121 所示。

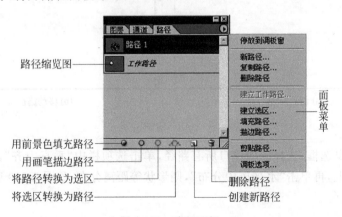

路径缩览图

用前景色填充路径
用画笔描边路径
将路径转换为选区
将选区转换为路径

停放到调板窗

新路径…
复制路径…
删除路径

建立工作路径…

建立选区…
填充路径…
描边路径…

剪贴路径…

调板选项…

面板菜单

删除路径
创建新路径

图 4-121　路径面板

2. 路径的编辑与应用

新建图像文件,在路径面板中单击"新建"按钮,创建"路径 1",如图 4-122 所示。

图 4-122　新建路径

选择自定形状工具,创建路径,如图 4-123 所示。

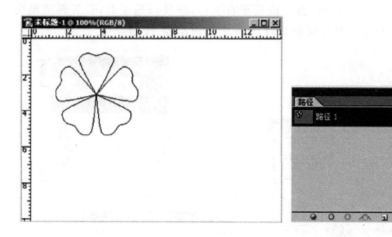

图 4-123　创建路径

选择路径面板菜单中的"复制路径"命令,创建"路径 1 副本",如图 4-124 所示。

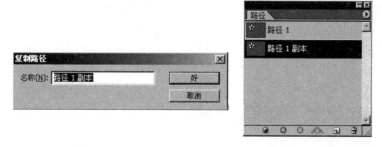

图 4-124　复制路径

选择"路径 1",设置前景色为红色,在路径面板中单击"用前景色填充路径"按钮,填充效果如图 4-125 所示。

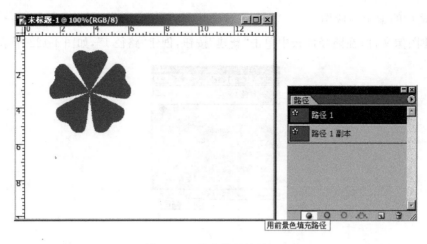

图 4-125　填充路径效果(1)

　　选择"路径 1 副本",调整路径位置至右下角,选择画笔工具,设置画笔笔尖形状,如图 4-126 所示。再单击路径面板中的"用画笔描边路径"按钮,描边效果如图 4-127 所示。

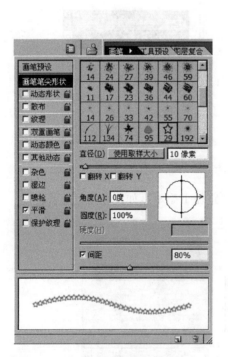

图 4-126　设置画笔属性

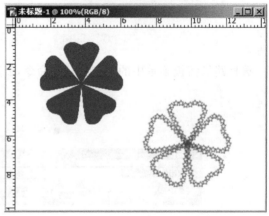

图 4-127　描边路径效果

　　选择路径面板菜单中的"填充路径"命令,弹出"填充路径"对话框,设置填充内容,如图 4-128 所示。单击"好"按钮,填充路径效果如图 4-129 所示。

图 4-128　设置填充属性

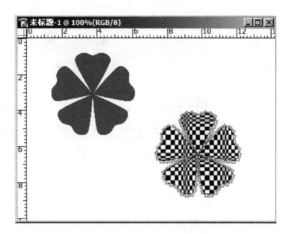

图 4-129　填充路径效果(2)

在路径面板中选择"路径 1 副本",单击"删除当前路径"按钮,如图 4-130 所示,弹出路径删除对话框,单击"是"按钮,可删除该路径。

图 4-130　删除路径

选择"路径 1",调整路径位置,单击路径面板中的"将路径作为选区载入"按钮,可以将路径转换为选区,如图 4-131 所示。再单击路径面板中的"将选区生成路径"按钮,则可以将选区转换为路径。

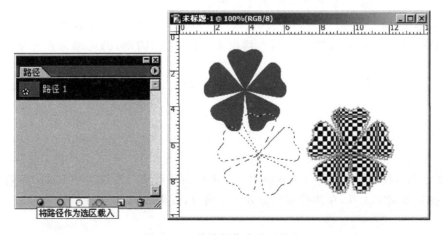

图 4-131　将路径作为选区载入

4.6 文字工具

4.6.1 输入文字

文字工具组包括横排文字工具、直排文字工具、横排文字蒙版工具和直排文字蒙版工具4种。图4-132所示为文字工具组。

1. 横排文字工具

使用横排文字工具,可以在图像中输入水平排列的文字,单击工具箱中的"横排文字工具"按钮 T,其选项栏如图 4-133 所示。

图 4-132 文字工具组

图 4-133 横排文字工具选项栏

横排文字工具选项栏的选项介绍如下。

:单击该按钮,可以在横排文字工具和直排文字工具之间进行切换。

:单击该三角形按钮,可在弹出的下拉列表中选择需要的字体。

:单击该三角形按钮,可在弹出的下拉列表中选择需要的字体样式。

:单击该三角形按钮,可在弹出的下拉列表中选择需要的字号。预设大小最大为 75 点,也可以直接输入字号大小。

:单击该三角形按钮,可在弹出的下拉列表中选择消除文字边缘锯齿的样式,包括无、锐利、犀利、浑厚和平滑 5 种。

:可以选择文字左对齐、居中或右对齐的对齐方式。

:单击该按钮,可以设置所需的文字颜色,默认颜色为当前前景色。单击色块,在弹出的拾色器中可以设置其他颜色。

:单击该按钮,可以设置文字的变形类型。

:单击该按钮,弹出字符和段落面板,可以对文字和段落进行编辑。

选择横排文字工具,在图像窗口直接单击鼠标,光标闪动,即可输入点文字内容,如图 4-134 所示。

单击鼠标并拖曳,此时出现一个文本框,文本框内有闪动的光标,此时可以输入段落文字,如图 4-135 所示。

2. 直排文字工具

使用直排文字工具,可以在图像中输入垂直排列的文字。单击工具箱中的"直排文字工具"按钮 T,其选项栏如图 4-136 所示。选项栏的各选项与横排文字工具的相同。

选择直排文字工具,在图像窗口输入文字内容,效果如图 4-137 所示。

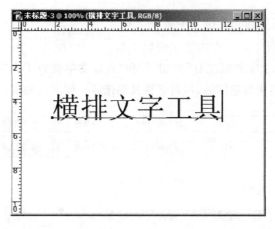

图 4-134　使用横排文字工具输入点文字

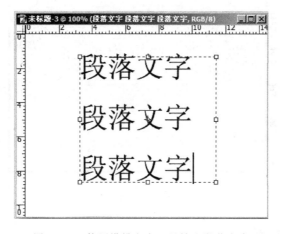

图 4-135　使用横排文字工具输入段落文字

图 4-136　直排文字工具选项栏

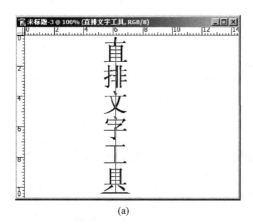

(a)

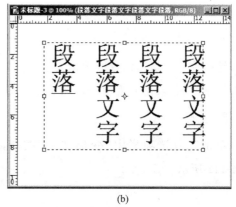

(b)

图 4-137　使用直排文字工具输入点文字和段落文字

3. 横排文字蒙版工具和直排文字蒙版工具

使用横排文字蒙版工具和直排文字蒙版工具,可以将输入的文字转化成蒙版或选区。单击工具箱中的"横排文字蒙版工具"按钮 ，和"直排文字蒙版工具"按钮 ，其选项栏如图 4-138 所示。文字转化为选区后,可对它像其他选区一样进行编辑,如图 4-139 所示。

图 4-138   横排文字蒙版工具和直排文字蒙版工具选项栏

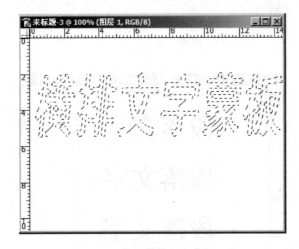

图 4-139   使用横排文字蒙版工具

4.6.2   文字编辑

Photoshop 中主要使用字符面板和段落面板对文字进行编辑调整。

1. 字符面板

选择窗口→字符命令或单击文字工具选项栏中的"切换字符和段落面板"按钮,可以打开字符面板,字符面板中各选项功能如图 4-140 所示。

2. 段落面板

选择窗口→段落命令或单击文字工具选项栏中的"切换字符和段落面板"按钮,可以打开段落面板,段落面板中各选项功能如图 4-141 所示。

3. 变形文字

单击工具选项栏中"变形文字"按钮,可以对文字进行变形处理,各选项功能如图 4-142 所示。

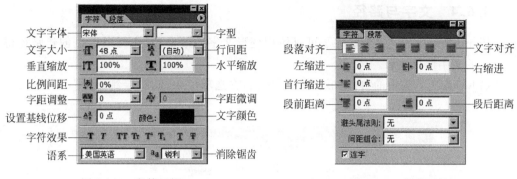

图 4-140 字符面板

图 4-141 段落面板

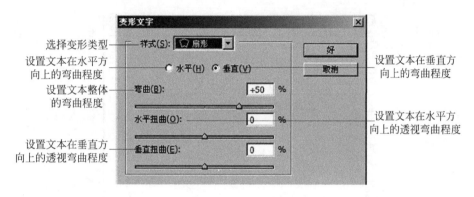

图 4-142 "变形文字"对话框

4.6.3 处理文字图层

使用文字工具输入文字后,系统会在图层中自动生成一个文字图层,如图 4-143 所示。

图 4-143 文字图层

选择文字图层为当前图层,可对文字进行编辑和调整,但在文字图层上不能直接使用绘图等工具和命令,如要使用这些工具和命令,需将文字栅格化。

选择图层→栅格化命令,可将文字图层栅格化为普通图层。

4.6.4　文字与路径

Photoshop 中的文字形状除了可以使用变形文字的效果外,还可以通过创建路径得到更多的文字形状效果。

(1) 单击工具箱中的"自定形状工具"按钮,在选项栏中选择"绘制路径",如图 4-144 所示。

图 4-144　选择自定形状工具

(2) 在图像窗口创建任意闭合路径,如图 4-145 所示。

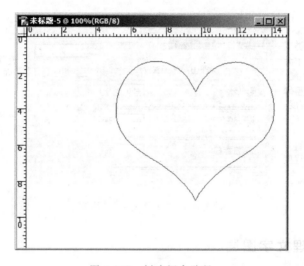

图 4-145　创建闭合路径

(3) 单击工具箱中的"横排文字工具"按钮,将光标移至路径内单击,此时,输入文字,文字会在路径范围内依次排列,如图 4-146 所示。

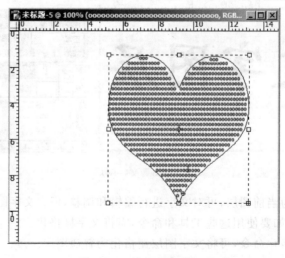

图 4-146　输入点文字(1)

（4）单击工具箱中的"钢笔工具"按钮，在选项栏中选择"绘制路径"。在图像窗口创建任意开放路径，如图 4-147 所示。

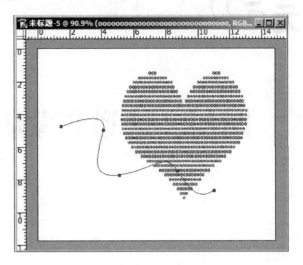

图 4-147　创建开放路径

（5）单击工具箱中的"横排文字工具"按钮，将光标移至路径输入文字，文字会沿所绘制路径排列，效果如图 4-148 所示。

图 4-148　输入点文字(2)

单 元 小 结

本单元介绍了 Photoshop 图像处理常用工具，使用这些工具是进行图像操作的基础，熟练掌握它们的使用方法，才能将图像更好地进行处理。

单元

图层、通道和蒙版的应用

　　了解图层、通道和蒙版的基本概念；掌握图层的基本操作；掌握各种图层样式的设置和图层效果的制作；掌握图层蒙版、快速蒙版和矢量蒙版的作用以及使用方法；掌握通道的作用和使用方法。

5.1　图层的基本概念

5.1.1　图层的概念

　　图层可以理解为透过层层玻璃最终看到图案，每一层玻璃就是一个图层，每个对象画在一片玻璃上，多片玻璃叠加在一起，可以得到合成图像。

　　如果有 3 片玻璃分别为背景、主景和配景，如图 5-1 所示，叠加在一起就是一张完整的图像。若改变玻璃的叠放顺序、图像形状及色彩等信息，图像也会发生变化。Photoshop 的图层分层处理技术使用户分析、处理、设计更加方便。

5.1.2　图层的类型

　　(1) 背景图层：背景图层位于图像的最底层，用户不能更改背景图层的叠放次序、混合模式或不透明度，除非将背景图层转换为普通图层。每幅图像只有一个背景。

　　(2) 普通图层：普通图层的主要功能是存放和绘制图像，普通图层可以有不同的透明度。

　　(3) 文字图层：文字图层只能输入与编辑文字内容。

　　(4) 调整图层：它本身并不具备单独的图像及颜色，但可以影响其下面的所有图层。一般用于对图像进行试用颜色和应用色调调整。所有的位图工具对其无效。

图 5-1　图层叠加效果

（5）形状图层：使用形状工具或钢笔工具可以创建形状图层，主要存放矢量形状信息。形状中会自动填充当前的前景色，可以通过其他方法对其进行修饰，如建立一个由其他颜色、渐变或图案进行填充的编组图层。

（6）填充图层：可以快速地创建由纯色、渐变或图案构成的图层，与调整图层一样，所有的位图处理工具对其无效。

5.1.3　图层的管理

图层的管理主要是通过图层面板来实现，Photoshop 图层面板可以用于创建、隐藏、显示、复制、合并、链接、锁定和删除图层。

选择窗口→显示图层命令或按 F7 键可以显示如图 5-2 所示图层面板，显示当前图像的所有图层信息。

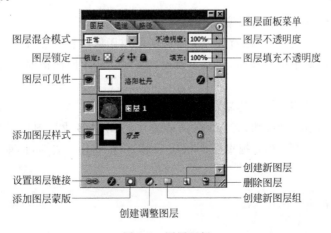

图 5-2　图层面板

5.2 图层的基本操作

5.2.1 创建图层及图层组

1. 创建图层

打开一个图像文件,有以下几种创建图层的方式。

(1) 选择图层→新建→图层命令,弹出如图 5-3 所示的"新图层"对话框。

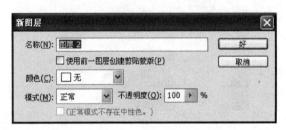

图 5-3 "新图层"对话框

在"名称"文本框中,可以采用默认值,也可以输入新的图层名称;在"颜色"下拉列表框中可以选择该图层的颜色(如红色);在"模式"下拉列表框中选择所需的图层模式(如屏幕);在"不透明度"中可以设置图层的不透明度(如 80%);设置完成后单击"好"按钮即可新建一个图层。

(2) 在图层面板中单击右上方的 ▶ 按钮,选择新图层命令进行创建。

(3) 单击图层面板下方的 🔳 按钮,进行创建。

用户可以在图层面板中双击图层名称,为图层重命名,如图 5-4 所示。

2. 创建图层组

图 5-4 给图层重命名

Photoshop 允许将多个图层编成组,利用图层组能够有效地管理和组织图层,并可以对组中的所有图层应用属性和蒙版,这样在对许多图层进行同一操作时只需对组进行操作,从而大大提高了图层较多时图像的编辑效率。

1) 创建空图层组

单击图层面板底部的"创建新组"按钮 🔲,或者选择图层→新建→组命令,即可在当前图层上方创建图层组,然后通过拖曳的方法将图层移动至图层组中,在需要移动的图层上按住鼠标左键,然后拖曳至图层组名称或图标上释放即可,如图 5-5 和图 5-6 所示。

图 5-5　创建了空图层组

图 5-6　将图层拖曳到图层组

2）从图层创建组

从当前选择图层中创建图层组，按住 Shift 键或 Ctrl 键，选择需要添加到同一图层组中的所有图层，然后选择图层→新建→从图层建立组命令或按 Ctrl＋G 组合键，这样新建的图层组将包括所有当前选择的图层，如图 5-7 和图 5-8 所示。

图 5-7　选中状态

图 5-8　从图层创建组

完成图层组的创建后，可以将图层分门别类地置于不同的图层组中。当图层组中的图层比较多时，单击图层组的▼按钮，可以折叠图层组以节省图层面板空间，如图 5-9 所示。再次单击图层组的▼按钮又可以展开图层组。

图 5-9　折叠图层组

5.2.2　图层的复制和删除

1. 复制图层

使用"复制图层"功能可以在同一图像中复制所选

图层,也可以将所选图层复制并建立新文件。

（1）在图层面板中复制图层的方法如下。

① 在同一图像中复制图层,直接在图层面板中选中要复制的图层,然后将图层拖曳至"创建新的图层"按钮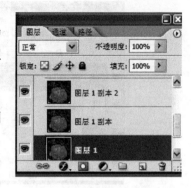上。

② 按 Ctrl＋J 组合键,可以快速复制当前图层。

③ 在不同的图像之间复制图层,首先选择这些图层,然后使用移动工具在图像窗口之间拖曳复制。

复制图层后,新复制的图层出现在原图层的上方,并且其文件名在原图层名的基础上加上了"副本"两字,如图 5-10 所示。

图 5-10　复制后的图层

（2）使用图层菜单复制图层方法如下。

先选中要复制的图层,然后选择图层→复制图层命令,打开"复制图层"对话框,如图 5-11 所示,在"为"文本框中可以输入复制后的图层名称,在"目的"选项组中可以为复制后的图层指定一个目标文件,在"文档"下拉列表框中列出当前已经打开的所有图像文件,从中可以选择一个文件以便在复制后的图层上存放。如果选择"新建"选项,则表示复制图层到一个新建的图像文件中,此时"名称"文本框将被激活,用户可在其中为新文件指定一个文件名,单击"确定"按钮即可将图层复制到指定的新建图像中。

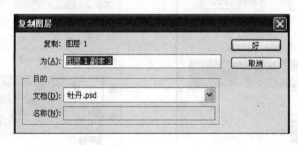

图 5-11　复制图层

（3）单击图层面板右上角的 按钮,在弹出的快捷菜单中选择"复制图层"命令,打开"复制图层"对话框,如图 5-11 所示。

2. 删除图层

对于不需要的图层,可以将其删除。删除图层后,该图层中的图像也将被删除。删除图层有以下几种方法。

（1）在图层面板中选中需要删除的图层,单击图层面板底部的"删除图层"按钮 。

（2）在图层面板中将需要删除的图层拖曳至"删除图层"按钮 上。

（3）在图层面板中选中要删除的图层后,选择图层→删除→图层命令。

（4）在图层面板中要删除的图层上右击,在弹出的快捷菜单中选择"删除图层"命令。

5.2.3 调整层的叠放次序

图层面板中的堆叠次序决定了图层或图层组中的内容出现在图像中其他内容的前面还是后面。

在图层面板中的图层 1 上按住鼠标左键不放,此时鼠标变成一个抓手形状,向下拖曳到所需要位置,即文字图层"洛阳牡丹"的下方,呈粗线状,如图 5-12 所示,松开鼠标左键,移动后的图层位置如图 5-13 所示。

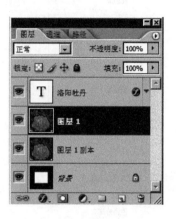

图 5-12 拖曳图层 1 到文字图层下方　　　　图 5-13 移动后的图层位置

5.2.4 图层的链接与合并

1. 图层的链接

可以将多个图层链接成一组,在移动其中某一图层内容时,其他图层将同时移动。需要注意的是,移动图层内容是使用移动工具在图像编辑区完成的,和调整图层位置有本质的区别。链接方法是依次选择多个图层后,单击图层面板下方的链接按钮 ，就实现了所选择图层的相互链接,此时图层面板中每层后面会显示一个链接图标 ，代表这些图层已经链接。如果想取消链接图层,只要选择处在链接中的图层后,单击图层面板下方的链接按钮 将其删除即可。

2. 图层的合并

通过合并图层可以将几个图层合并成一个图层,这样可以减少文件大小,方便对合并后的图层进行编辑。Photoshop 的图层合并方式有 3 种。

(1) 向下合并:可以将当前图层与下面的一个图层进行合并。

(2) 合并可见图层:可以将图层面板中所有显示的图层进行合并,而被隐藏的图层将不合并。

(3) 拼合图层:用于将图像窗口中所有的图层进行合并,并放弃图像中隐藏的图层。

5.2.5 创建填充图层和调整图层

填充图层使用户可以用纯色、渐变或图案填充图层。与调整图层不同,填充图层不影响它们下面的图层。

　　单击图层面板下方的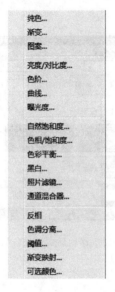按钮，从弹出的快捷菜单中可以看见图层调整和图层填充的所有选项，如图 5-14 所示。图 5-14 中的前 3 项纯色、渐变或图案是图层填充项，而后几项都是图层调整项。在图 5-15 所示的"渐变填充"对话框中进行相应的设置，得到图 5-16 所示添加"渐变"填充图层后的效果；在图 5-17 所示"色彩平衡"对话框中进行设置后，得到图 5-18 所示添加"色彩平衡"调整图层后的效果。

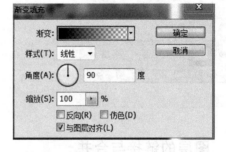

图-14　调整图层和填充图层菜单　　　　图 5-15　"渐变填充"对话框

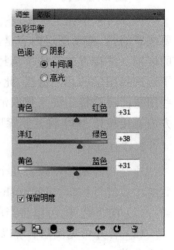

图 5-16　添加"渐变"填充图层　　　　图 5-17　"色彩平衡"对话框

　　使用调整图层和使用调整命令的功能相似，但是使用调整图层还具有以下特点。

　　（1）使用调整图层可以影响其下面所有图层的显示效果，而使用调整命令只能调整一个图层的内容。

图 5-18 添加"色彩平衡"调整图层效果

（2）使用调整图层并没有改变其下面图层的实际内容，当不需要调整时，只需删除该调整图层即可；而使用调整命令将改变被调整图层的实际内容，当不需要调整时，只能通过"历史记录"进行还原，而且调整之后的所有操作将一起被撤销，若调整之后的步骤过多，将无法还原。

5.2.6 课堂案例：图像胶片效果的制作

1. 实训目标

练习图层的基本操作。

2. 操作步骤

（1）新建一个空白 RGB 图像文件，命名为"图像的胶片效果"。

（2）选择编辑→填充命令，在"填充"对话框中的"使用"下拉列表中选择"前景色"，单击"确定"按钮，将前景色设置为黑色，如图 5-19 所示。

（3）单击"创建新图层"按钮，新建"图层 1"，如图 5-20 所示。

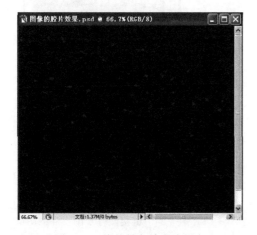

图 5-19 将前景色填充为黑色　　　　图 5-20 新建图层

（4）选择工具箱中的矩形选择工具 ，在图像窗口中单击并拖曳鼠标，创建一个矩形选区，并将选区填充为白色，然后取消选区，如图 5-21 所示。

（5）复制"图层 1"，得到"图层 1 副本"。再执行此操作 7 次，结果如图 5-22 所示。

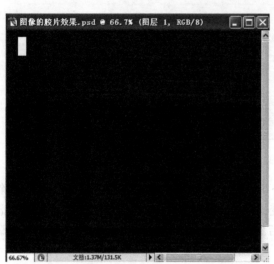

图 5-21　创建选区并填充为白色　　　　图 5-22　复制图层

（6）选择工具箱中的移动工具 ，在图像窗口中调整"图层 1 副本 8"中的白色矩形的位置，如图 5-23 所示。

（7）选中除背景外的所有图层，然后单击图层面板底部左边的"链接图层"按钮，对图层进行链接，如图 5-24 所示。

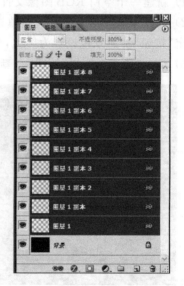

图 5-23　调整"图层 1 副本 8"白色矩形位置　　　图 5-24　链接除背景图层外的图层

（8）选择图层→分布链接图层→水平居中命令，图像效果如图 5-25 所示。

（9）选择图层→合并图层命令，此时的图层面板如图 5-26 所示。

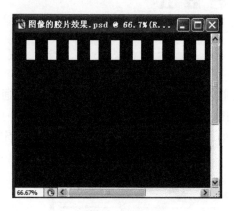

图 5-25　水平居中各链接图层

图 5-26　合并链接图层

（10）在图层面板中复制"图层 1 副本 8"，得到"图层 1 副本 9"，如图 5-27 所示。

（11）选择工具箱中的移动工具 ，在图像窗口中调整"图层 1 副本 9"中图像的位置，如图 5-28 所示。

（12）打开素材图像，选择选择→全部命令全选图像，然后选择编辑→拷贝命令复制图像。

（13）激活原始图像窗口，选择编辑→粘贴命令粘贴图像，然后利用工具箱中的移动工具 调整图像的位置，得到最终的胶片效果如图 5-29 所示。

图 5-27　复制"图层 1 副本 8"

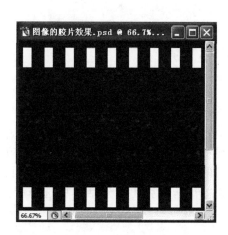

图 5-28　调整"图层 1 副本 9"图像的位置

图 5-29　最终的胶片效果

5.3   图 层 样 式

5.3.1   图层样式面板

对图层内容使用图层样式,可以快速得到特殊效果。预定义的图层样式可以通过样式面板查看,并且仅通过单击鼠标即可应用"图层样式"对话框中的样式,如图 5-30 所示,也可以通过对图层应用多种效果创建自定义的样式。还可以通过样式面板菜单设定图层样式的预览效果。

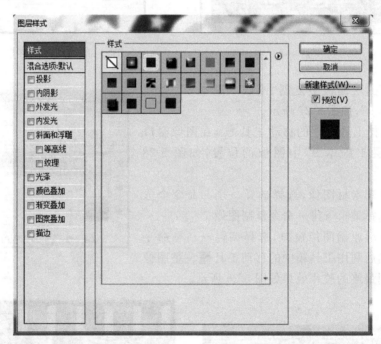

图 5-30   "图层样式"对话框

5.3.2   图层样式分类

1. 预定义样式

系统默认的预定义样式只有 16 种,一般显示在样式面板,还可以通过载入的方法,将一些系统已设定好的样式或通过其他方式得到的样式导入样式面板。单击样式面板右侧的面板菜单,选择"载入样式"命令,如图 5-31 所示,在弹出的对话框中选择所需要的样式。

2. 自定义样式

可以使用下面的一种或多种效果创建自定义样式。

单击图层面板中的"增加图层样式"按钮,弹出如图 5-32 所示的下拉列表,从中选取一种效果。选择相应的样式即可,如图 5-33 所示。

图 5-31　载入样式

图 5-32　从图层面板直接添加图层样式

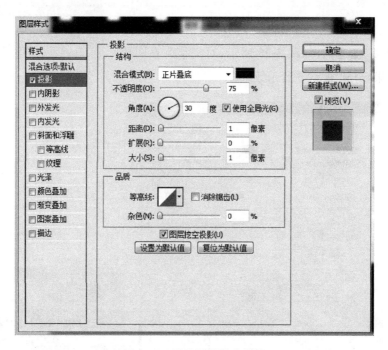

图 5-33　设置投影样式效果

在图层面板中,双击图层缩览图(普通图层),会打开"图层样式"对话框,可在对话框的左侧选择效果,如图 5-33 所示为选择投影样式,其样式效果如下。

(1)投影:在图层内容的后面添加阴影。

(2)内阴影:紧靠在图层内容的边缘添加阴影,使图层具有凹陷外观。

(3)外发光和内发光:添加从图层内容的外边缘或内边缘发光的效果。

(4)斜面和浮雕:对图层添加高光与暗调的各种组合。

(5)光泽:在图层内部根据图层的形状应用阴影,通常都会创建出光滑的磨光效果。

(6)颜色叠加、渐变叠加和图案叠加:用颜色、渐变或图案填充图层内容。

(7)描边:使用颜色、渐变或图案在当前图层上描画对象的轮廓。描边对于硬边形状(如文字)特别有用。

5.4　图层效果制作

5.4.1　投影与阴影效果

创建一个图像文件,添加文字图层,输入"PHOTOSHOP 图像处理",如图 5-34 所示,然后分别添加以下几种图层样式,观察各自的效果。

1. 投影效果

投影能给图层加上一个阴影。打开"图层样式"对话框,选中"投影"复选框,如图 5-35 所示,对文字所在图层添加投影效果,得到图 5-36 所示效果。

图 5-34　原始图像

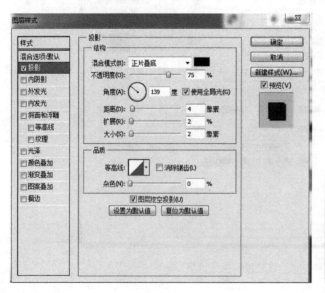

图 5-35　为文字添加投影效果

图 5-36　文字的投影效果

其中,各项具体功能如下。

(1) 混合模式:设置阴影与下方图层的混合模式。

(2) 不透明度:设置阴影效果的不透明程度。

(3) 角度:设置阴影的光照角度。

(4) 距离:设置阴影效果与原图层内容偏移的距离。

(5) 扩展:用于扩大阴影的边界。

(6) 大小:用于设置阴影边缘模糊的程度。

(7) 等高线:用于设置阴影的轮廓形状,可以在其下拉列表框中进行选择。

(8) 消除锯齿:使投影边缘更加平滑。

(9) 杂色:用于设置是否使用噪声点来对阴影进行填充。

(10) 图层挖空投影:用于控制半透明图层中投影的可视性。

2. 内阴影效果

内阴影可使图层产生内陷的阴影效果。打开"图层样式"对话框,选中"内阴影"复选框,如图 5-37 所示,添加该样式后,得到图 5-38 所示效果。内阴影的设置和投影的设置基本相同,只是两者产生的效果有所差异。

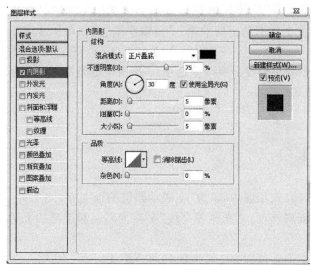

图 5-37 为文字添加内阴影效果　　　　　　图 5-38 文字的内阴影效果

另外,"阻塞"滑块与"投影"选项中的"扩展"滑块相似,用于设置"内阴影"的强度。

5.4.2 斜面和浮雕效果

斜面和浮雕效果可以给图层加上生动的效果。打开"图层样式"对话框,选中"斜面和浮雕"复选框,如图 5-39 所示,添加"斜面和浮雕"后,得到图 5-40 所示效果。

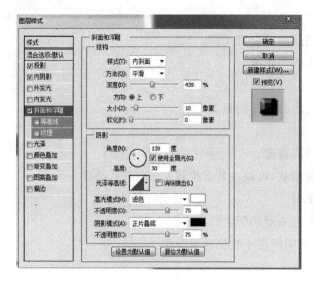

图 5-39　"斜面和浮雕"选项　　　　图 5-40　添加"斜面和浮雕"后的文字效果

　　"斜面和浮雕"面板各选项功能如下。

　　(1) 样式：指定斜面样式。"内斜面"在图层内容的内边缘上创建斜面；"外斜面"在图层内容的外边缘上创建斜面；"浮雕效果"使图层内容相对于下层图层呈浮雕状的效果；"枕状浮雕"将图层内容的边缘压入下层图层中的效果；"描边浮雕"将浮雕限于应用于图层的描边效果的边界。

　　(2) 方法：用来设置斜面和浮雕的雕刻精度。有 3 个选项："平滑""雕刻清晰"和"雕刻柔和"。

　　(3) 深度：指定斜面深度。

　　(4) 大小：指定阴影大小。

　　(5) 软化：模糊阴影效果可减少多余的人工痕迹。

　　(6) 角度：所采用的光照角度。

　　(7) 高度：设置光源的高度。值为 0 表示底边，值为 90 表示图层的正上方。

　　(8) 光泽等高线：创建有光泽的金属外观。"光泽等高线"是在为斜面和浮雕加上阴影效果后应用的。

　　(9) 高光模式或阴影模式：指定斜面和浮雕高光或阴影的混合模式。

　　(10) 等高线：在斜面和浮雕中，可以使用"等高线"勾画在浮雕处理中被遮住的起伏、凹陷和凸起。

5.4.3　发光效果与光泽效果

1. 外发光效果

　　外发光效果可以给图层边缘加上一个光芒环绕的效果。打开"图层样式"对话框，选中"外发光"复选框，双击打开"外发光"面板，如图 5-41 所示，添加"外发光"样式，得到图 5-42 所示的效果。

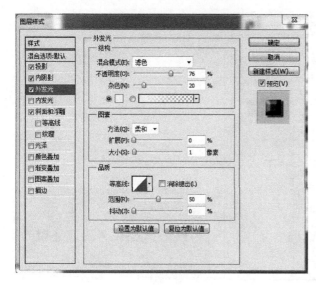

图 5-41　"外发光"选项

图 5-42　添加"外发光"后的文字效果

"外发光"面板各选项功能如下。

（1）：单击它可以设置光晕颜色。

（2）：单击它可以打开"渐变编辑器"编辑设置光晕的渐变色。

（3）方法：用于选择处理蒙版边缘的方法，可以选择"柔和"和"精确"两种设置。

（4）扩展：设置光晕向外扩展的范围。

（5）大小：控制光晕的柔滑效果。

（6）等高线：控制外发光的轮廓样式。

（7）范围：控制等高线的应用范围。

（8）抖动：控制随机化发光光晕的渐变。

2. 内发光效果

打开"图层样式"对话框，选中"内发光"复选框，如图 5-43 所示。添加"内发光"样式后，图层效果如图 5-44 所示。与"外发光"效果的对话框类似，只是产生的辉光效果方向不同。其中 源：○居中(E) 单选按钮表示光线将从图像中心向外扩展，◎边缘(G) 单选按钮表示光线将从边缘内侧向中心扩展。

3. 光泽效果

使用光泽效果能给图层加上类似绸缎的光泽。打开"图层样式"对话框，选中"光泽"复选框，双击显示"光泽"面板，如图 5-45 所示，添加"光泽"样式，得到如图 5-46 所示的效果。其中的各项参数与其他样式中同名的参数含义相同。

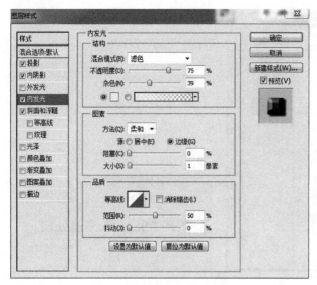

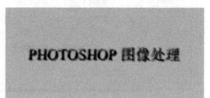

图 5-43　"内发光"选项　　　　　　　　图 5-44　添加"内发光"后的文字效果

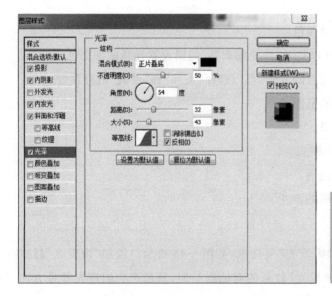

图 5-45　"光泽"选项　　　　　　　　　图 5-46　添加"光泽"后的文字效果

5.4.4　层覆盖和描边效果

1. 颜色叠加效果

使用颜色叠加效果能给图层加上一个带有混合模式的单色图层。在"图层样式"对话框中选中"颜色叠加"复选框,如图 5-47 所示,添加该样式,得到如图 5-48 所示的效果。

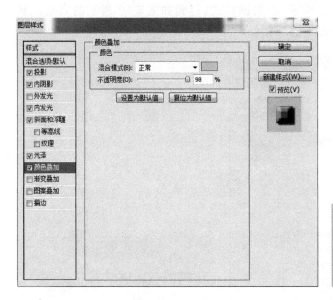

图 5-47　"颜色叠加"选项　　　　　图 5-48　添加"颜色叠加"后的文字效果

2. 渐变叠加效果

使用渐变叠加效果能给图层加上一个层次渐变的效果。在"图层样式"对话框中选中"渐变叠加"复选框，如图 5-49 所示，添加该样式，得到如图 5-50 所示的效果。

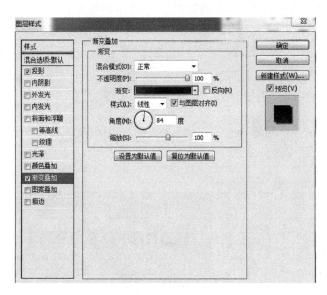

图 5-49　"渐变叠加"选项　　　　　图 5-50　添加"渐变叠加"后的文字效果

3. 图案叠加效果

使用图案叠加效果能给图层加上一个图案化的图层叠加效果。在"图层样式"对话框中选中"图案叠加"复选框,如图 5-51 所示,添加该样式,得到如图 5-52 所示的效果。其中的设置与"斜面和浮雕"面板中的图案选项相似。

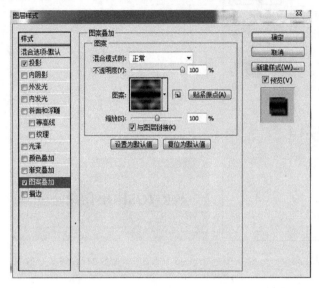

图 5-51　"图案叠加"选项　　　　　　　　图 5-52　添加"图案叠加"后的文字效果

4. 描边效果

使用描边效果能给图层加上一个边框的效果。在"图层样式"对话框中选中"描边"复选框,如图 5-53 所示,添加该样式,选择相应设置后,得到如图 5-54 所示的效果。

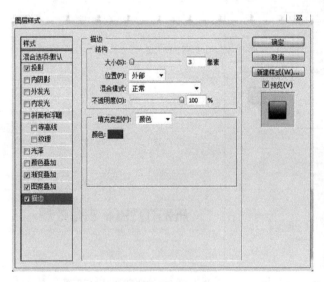

图 5-53　"描边"选项　　　　　　　　图 5-54　添加"描边"后的文字效果

5.4.5　图层效果的保存、复制、显示和隐藏

1. 保存样式

当自定义了某种样式后，可以将样式保存起来以后使用，单击"图层样式"对话框中的"新建样式"按钮，在弹出的对话框中给新样式命名，并勾选相应的复选框，如图 5-55 所示。

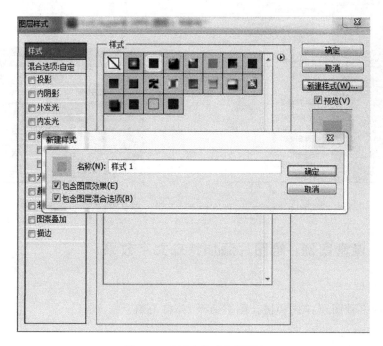

图 5-55　"新建样式"对话框

2. 复制样式

通过在图层面板中进行相应的操作，可以把当前图层样式复制到其他图层上。

首先，在有样式的图层上右击，在弹出的快捷菜单中选择"拷贝图层样式"命令，如图 5-56 所示；其次，在需要应用该样式的图层上右击，在弹出的快捷菜单中选择"粘贴图层样式"命令。

3. 显示和隐藏图层样式

在图层面板中添加了图层效果的图层的右侧会显示一个 图标，表示该图层添加了图层样式效果。单击该图标右侧 图标，可以显示该图层所添加的全部图层样式，如图 5-57 所示。单击效果前面的 图标，在图像窗口中将不显示该图层的所有图层样式，单击某一项图标样式效果前面的 图标，如"投影"，在图像窗口中将不显示该图层样式效果。

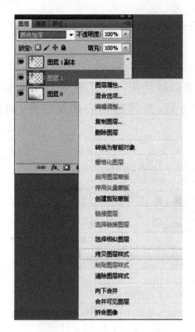

图 5-56　复制图层样式

图 5-57　图层面板

5.4.6　课堂案例：给图片添加特殊文字效果

1. 实训目标

练习使用多种图层样式和拼合图层命令，并自由组合。

2. 操作步骤

（1）打开素材图像文件，如图 5-58 所示。

(a) 原始图像　　　　　　　　(b) 处理后的效果

图 5-58　原始图像与效果对比

（2）选择工具箱中的横排文字工具，并对文字进行设置，在图片中输入"夏天的味道"，如图 5-59 所示。

（3）选择图层→图层样式→投影命令，打开"图层样式"对话框，将"距离"设置为 15 像素，如图 5-60 所示，单击"好"按钮完成操作，效果如图 5-61 所示。

图 5-59　输入文字

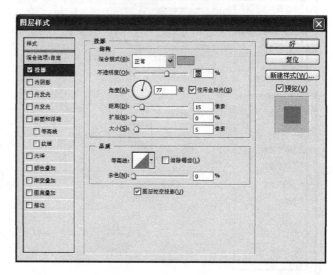

图 5-60　投影设置

（4）选择图层→图层样式→混合选项命令，打开"图层样式"对话框，将"不透明度"设置为 5%，如图 5-62 所示。

图 5-61　投影效果

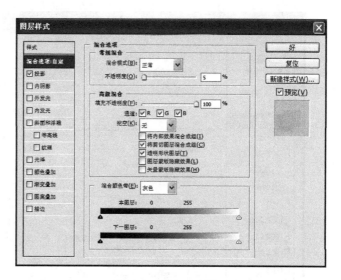

图 5-62　混合选项设置

（5）选择图层→图层样式→内阴影命令，打开"图层样式"对话框，将"不透明度"设置为 60%，单击"好"按钮完成操作，如图 5-63 所示。

（6）选择图层→图层样式→外发光命令，在打开的对话框中将"渐变"设置为"黄色到

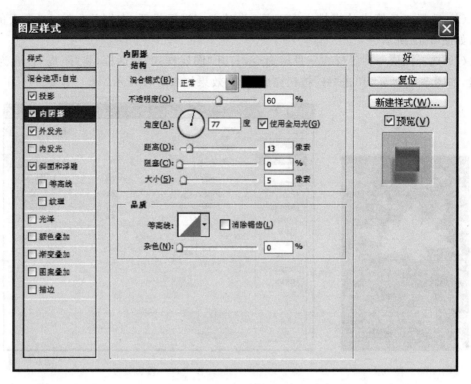

图 5-63　内阴影设置

透明渐变"，如图 5-64 所示。

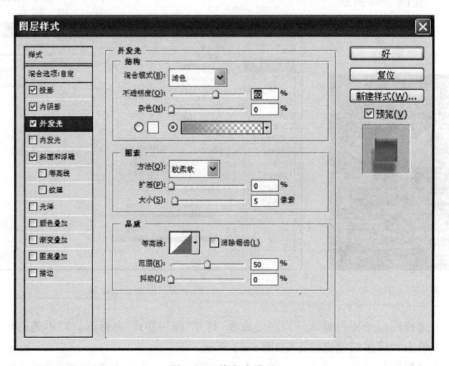

图 5-64　外发光设置

（7）单击"好"按钮完成操作，然后选择图层→图层样式→斜面和浮雕命令，将"暗调模式"设置为"线性减淡"，如图5-65所示，单击"好"按钮完成操作，效果如图5-66所示。

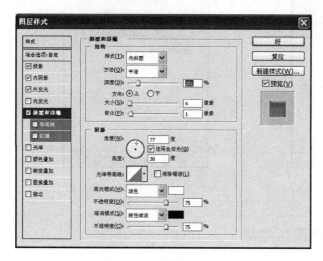

图 5-65 斜面和浮雕设置 　　　　　　　图 5-66 添加效果后的图像

5.5 蒙 版

5.5.1 蒙版的基本概念

蒙版是 Photoshop 中一种独特的图像处理方式，可以用来保护被屏蔽的图像区域。任何绘图、编辑工具和滤镜都可以用来编辑蒙版。蒙版可用来隔离和保护图像某个区域，当对图像其他区域进行颜色变化、滤镜效果等处理时，被蒙版蒙住的区域将不会发生改变。在 Photoshop 中，蒙版存储在 Alpha 通道中，要重新使用时只需直接载入选区即可。

5.5.2 创建和编辑蒙版

（1）在图层面板中选中要创建图层蒙版的图层，然后单击图层面板底部的"添加图层蒙版"按钮，即可为当前图层创建一个图层蒙版。创建图层蒙版后，若图层中没有选择选区，则创建一个空白蒙版，表示没有区域被屏蔽，如图5-67所示；若在图层中创建了选区，选区以外的区域被屏蔽，如图5-68所示。

（2）选择图层→图层蒙版命令，其中"显示选区"和"隐藏选区"两个命令只有在图层中创建了选区的状态下才可用，各命令作用如下。

显示全部：创建一个空白蒙版，图层中的图像将全部显示出来。

隐藏全部：创建一个全黑蒙版，图层中的图像将全部被屏蔽。

显示选区：根据选区创建蒙版，只显示选区内的图像，选区外区域被屏蔽。

隐藏选区：将选区反转后创建蒙版，选区内图像被屏蔽，其他区域的图像显示。

图 5-67 空白蒙版   图 5-68 创建选区后的蒙版

5.5.3 课堂案例：创建图层蒙版

（1）按 Ctrl＋O 组合键，打开两个文件，如图 5-69 和图 5-70 所示。

图 5-69 素材图像 1   图 5-70 素材图像 2

（2）使用移动工具将素材图像 1 拖入另外一个文档中，生成"图层 1"，如图 5-71 和图 5-72 所示。

图 5-71 拖入后图像效果   图 5-72 图层 1

（3）单击图层面板中的"添加图层蒙版"按钮，为该图层添加蒙版，白色蒙版不会遮盖图像。选择一个柔角画笔工具，如图 5-73 和图 5-74 所示。

图 5-73 添加蒙版

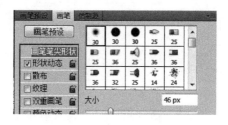

图 5-74 柔角画笔

（4）在人物的边缘涂抹黑色，用蒙版遮盖图像，如图 5-75 和图 5-76 所示，如果涂抹痕迹需要修改，可以按 X 键，将前景色切换为白色，用白色绘制可以重新显示图像。

图 5-75 柔角画笔涂抹

图 5-76 涂抹后的效果

5.5.4 课堂案例：从图像中生成蒙版

（1）按 Ctrl＋O 组合键，打开两个素材文件，如图 5-77 和图 5-78 所示。

图 5-77 素材图像 1

图 5-78 素材图像 2

（2）单击"添加图层蒙版"按钮，为素材图像 1 添加图层蒙版，然后按住 Alt 键单击蒙版缩览图，在画面中显示蒙版图像，切换到素材图像 2，按 Ctrl＋A 组合键全选，按 Ctrl＋

C组合键复制图像,再切换到素材图像1,按Ctrl+V组合键,将图像粘贴到蒙版中,如图5-79和图5-80所示。

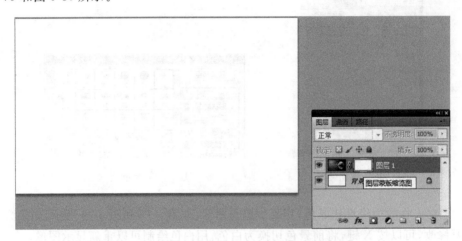

图5-79　添加图层蒙版

图5-80　复制图像到蒙版中效果

（3）按Ctrl+D组合键取消选择,按住Alt键单击,蒙版缩览图重新显示图像,如图5-81所示,按Ctrl+I组合键将蒙版反相,如图5-82和图5-83所示。

图5-81　重新显示图像

图 5-82　重新显示图像效果(1)　　　　　　　　图 5-83　蒙版反相设置

（4）单击调整面板中的"曲线"按钮，创建曲线调整图层，将蒙版图像调暗，如图 5-84 和图 5-85 所示。

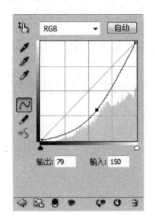

图 5-84　重新显示图像效果(2)　　　　　　　　　图 5-85　蒙版反相

5.6　通　　道

5.6.1　通道的基本概念

通道是独立的灰度图像。每一个通道就是一幅图像中的某一种基本颜色的单独通道。通道是利用图像的色彩值进行图像修改的。通道具备存储色彩信息、保存或创建复杂选区、保存色彩信息的功能。

5.6.2　通道面板

通道面板用来创建和管理通道，并监视编辑效果。选择窗口→通道命令，即可打开通道面板，如图 5-86 所示。

各按钮功能如下。

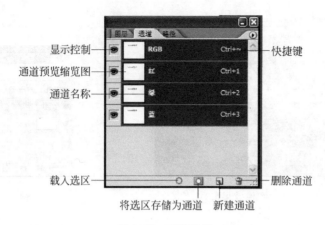

图 5-86　通道面板

(1)"载入选区"按钮 ⚪：将通道中的选择区域调出。该按钮与选择选择→载入选区命令作用相同。

(2)"保存选区"按钮 ⬚：单击该按钮,可以将当前选区转化为一个 Alpha 通道,该按钮与选择选择→保存选区命令作用相同。

(3)"新建通道"按钮 ⬛：单击该按钮,可新建一个 Alpha 通道,最多可以创建 24 个通道。

(4)"删除通道"按钮 🗑：单击该按钮,可删除当前选择的通道,但不能删除 RGB 主通道。

5.6.3　通道的操作

1. 将通道中的图像粘贴到图层中

(1)按 Ctrl+O 组合键,打开一个素材图像,如图 5-87 所示,在通道面板中选择蓝色通道,如图 5-88 所示,画面中会显示该通道的灰度图像；按 Ctrl+A 组合键全选；按 Ctrl+C 组合键复制。

图 5-87　素材图像

图 5-88　选中蓝色通道

（2）按 Ctrl＋2 组合键，返回到 RGB 复合通道，显示彩色的图像；按 Ctrl＋V 组合键可以将复制的通道粘贴到一个新的图层中，如图 5-89 和图 5-90 所示。

图 5-89　复制后的图像效果

图 5-90　新复制的图层 1

2. 将图层中的图像粘贴到通道中

（1）按 Ctrl＋O 组合键，打开一个素材图像，如图 5-91 所示，按 Ctrl＋A 组合键全选，再按 Ctrl＋C 组合键复制图像。

图 5-91　素材图像

（2）单击通道面板中的"新建通道"按钮，新建一个通道，按 Ctrl＋V 组合键，将复制的通道粘贴到通道中，如图 5-92 和图 5-93 所示。

图 5-92　新创建的通道

图 5-93　粘贴到通道后的效果

单 元 小 结

　　本单元主要介绍了 Photoshop 中图层的应用,包括图层面板的使用、图层的基本操作,图层混合模式以及图层样式的应用效果;通道的基本概念、分类、使用以及蒙版的分类和使用。图层、通道和蒙版是 Photoshop 中的重要工具,利用图层、通道和蒙版可以创建出丰富的图像效果。

单元 ⑥

滤镜和图像色彩处理

内容导航

掌握滤镜操作,通过学习滤镜的使用和技巧,加深对滤镜的认识,更加灵活地使用滤镜;熟练掌握滤镜和图像色彩处理的基本操作及应用技巧。

6.1 滤　　镜

6.1.1　滤镜概述

1. 理解滤镜

滤镜是通过摄影光学处理镜头过滤掉部分光线而形成的特殊图像效果,其实质是将原有的画面进行艺术过滤,得到更完美的展示。滤镜功能是 Photoshop 的强大功能之一。滤镜功能包括内部滤镜和外部扩展滤镜,多达几百种。按照不同的处理效果对滤镜分类主要有"像素化"滤镜组、"扭曲"滤镜组、"杂色"滤镜组、"模糊"滤镜组、"渲染"滤镜组、"画笔描边"滤镜组、"素描"滤镜组、"纹理"滤镜组、"艺术效果"滤镜组、"视频"滤镜组、"锐化"滤镜组、"风格化"滤镜组及"其他"滤镜组。

2. 滤镜的调用

通过选择"滤镜"菜单下的相应命令调用 Photoshop 的滤镜,如图 6-1 所示。需要注意的是,Ctrl+F 组合键可按上次

上次滤镜操作(F)	Ctrl+F
转换为智能滤镜	
滤镜库(G)...	
镜头校正(R)...	Shift+Ctrl+R
液化(L)...	Shift+Ctrl+X
消失点(V)...	Alt+Ctrl+V
风格化	▶
画笔描边	▶
模糊	▶
扭曲	▶
锐化	▶
视频	▶
素描	▶
纹理	▶
像素化	▶
渲染	▶
艺术效果	▶
杂色	▶
其他	▶

图 6-1　滤镜菜单命令

的设置快速重复执行上次使用的滤镜。

6.1.2 滤镜的基本操作

滤镜效果的作用对象为若创建了选区,则作用于选区内的图像;若未创建选区,则为当前可见图层图像。

重复使用滤镜效果:应用一次滤镜效果后,还可以重复应用刚才操作的滤镜效果,是相同滤镜效果的叠加。应用一次滤镜效果后,还可以应用另一类滤镜效果,是对不同滤镜效果的叠加。

对于内部滤镜组功能和基本操作主要介绍如下。

1. 像素化

在"像素化"滤镜组中,包含了"彩块化""铜版雕刻""彩色半调""晶格化""点状化""碎片"和"马赛克"7个滤镜。这些滤镜共同特点是将图像分块。

1) 彩块化

"彩块化"滤镜是将图像中相同或相近的颜色像素,用一种相近的颜色替换,使图像形成色块,令其效果类似于海报图像。**其操作过程:** 打开图像→滤镜→像素化→彩块化。原图及应用效果如图6-2和图6-3所示。

图6-2 应用滤镜前的效果 图6-3 应用滤镜后的效果

效果若不明显,可按Ctrl+Z组合键,进行应用滤镜前后效果对比。

2) 铜版雕刻

"铜版雕刻"滤镜是通过在图像中随机分布不规则的斑点和线条,使图像产生镂刻版画效果。**其操作过程:** 打开图像→滤镜→像素化→铜版雕刻。在"铜版雕刻"对话框的"类型"列表下拉菜单中可选择10种线条和斑点,其应用示例如图6-4所示。设置为"长直线"类型后得到的效果如图6-5所示。

3) 彩色半调

"彩色半调"滤镜是通过在图像的每一个通道上模拟一层半色调色点的网格效果。**其操作过程:** 打开图像→滤镜→像素化→彩色半调。"彩色半调"对话框中的"最大半径"选项可以自定义输入半色调色点半径,其应用示例如图6-6所示,得到的效果如图6-7所示。

图 6-4　"铜板雕刻"对话框　　　　　　　图 6-5　"铜板雕刻"滤镜的效果

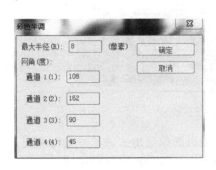

图 6-6　"彩色半调"对话框　　　　　　　图 6-7　"彩色半调"滤镜的效果

4）晶格化

"晶格化"滤镜使图像产生多边形晶格效果。**其操作过程：打开图像→滤镜→像素化→晶格化**。在"晶格化"对话框中的"单元格大小"选项可以设置晶格大小，其应用示例如图 6-8 所示，得到的效果如图 6-9 所示。

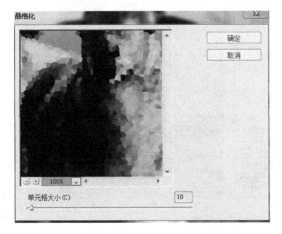

图 6-8　"晶格化"对话框　　　　　　　图 6-9　"晶格化"滤镜的效果

2. 扭曲

"扭曲"滤镜组是一种破坏性滤镜,它以几何方式扭曲图像,创建波浪、球面化等三维效果。"扭曲"滤镜组中,包含了"切变""扩散光亮""挤压""旋转扭曲""极坐标""水波""波浪""波纹""海洋波纹""玻璃""球面化""置换"和"镜头校正"13个滤镜。

1)切变

"切变"滤镜可对图像进行扭曲操作。**其操作过程:**打开图像→滤镜→扭曲→切变。"切变"对话框中的曲线可进行调节。其应用效果如图6-10所示。

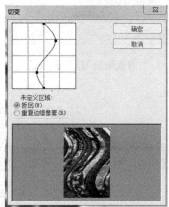

图6-10 "切变"滤镜效果

(1)"折回"单选按钮是对扭曲后的空白区域以图像弯出去的部分进行填充。

(2)"重复边缘像素"单选按钮则是用扭曲边缘的像素填充空白区域。

2)水波

"水波"滤镜可使图像模拟水面的波纹或倒影效果。**其操作过程:**打开图像→滤镜→扭曲→水波。其应用效果如图6-11所示。

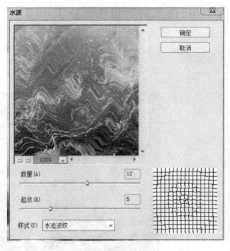

图6-11 "水波"滤镜效果

（1）"数量"参数设置水波的波纹数量。

（2）"起伏"参数设置水波的起伏程度。

（3）"样式"选项设置水波形态。

3. 杂色

"杂色"滤镜组中，包含了"中间值""减少杂色""去斑""添加杂色""蒙尘与划痕"5个滤镜，它们的主要作用是在图像中添加或去除杂点。

"减少杂色"滤镜是对影响整个图像或各个通道的设置，在保留边缘的同时减少杂色。其操作过程：打开图像→滤镜→杂色→减少杂色。其应用效果，如图6-12和图6-13所示。

图 6-12　处理前图像

图 6-13　"减少杂色"滤镜效果

（1）"强度"参数用于控制所有图像通道的亮度杂色减少量。

（2）"保留细节"参数控制保留边缘和图像细节的程度。

（3）"减少杂色"参数用于移去随机的颜色像素。

（4）"锐化细节"参数调整对图像进行锐化的程度。

（5）移去 JPEG 不自然感复选框可以移去由于使用低品质 JPEG 设置存储图像而导致的有斑驳感的图像光晕和伪像。

（6）若亮度杂色在某个或某两个颜色通道中较为明显，则单击"高级"按钮，从通道下拉菜单中选取该颜色通道，而后对"强度"和"保留细节"参数进行调整，来减少该通道中的杂色。

4. 模糊

"模糊"滤镜组主要通过降低相邻像素间对比度的方式达到柔和与模糊像素边缘的效果，它包含了"动感模糊""平均""形状模糊""径向模糊""方框模糊""模糊""特殊模糊""表面模糊""镜头模糊"和"高斯模糊"10个滤镜。

1）径向模糊

"径向模糊"滤镜可使图像产生一种旋转或放射状的模糊效果。**其操作过程：打开图像→滤镜→模糊→径向模糊。**其应用效果如图6-14所示。

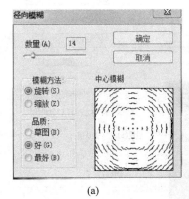 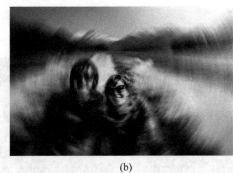

(a)　　　　　　　　　　　　　　(b)

图6-14　"径向模糊"滤镜效果

（1）"数量"参数控制模糊的强度。

（2）"中心模糊"设置模糊的扩散原点。

（3）"模糊方法"中，旋转选项可产生旋转模糊效果，缩放选项产生放射模糊效果。

（4）"品质"选项可调节模糊的质量。

2）高斯模糊

"高斯模糊"滤镜是根据高斯曲线对图像进行模糊处理。**其操作过程：打开图像→滤镜→模糊→高斯模糊。**"高斯模糊"对话框中的"半径"参数用来调节图像的模糊程度。其应用效果如图6-15所示。

(a)　　　　　　　　　　　　　　(b)

图6-15　"高斯模糊"滤镜效果

5. 渲染

"渲染"滤镜组主要用来模拟光线的照明效果,它包含了"云彩""光照效果""分层云彩""纤维"和"镜头光晕"5 个滤镜。

1)云彩

"云彩"滤镜是在系统的前景色和背景色之间随机组合并将图像转换为柔和的云彩效果。其操作过程:打开图像→滤镜→渲染→云彩。其应用效果如图 6-16 所示。

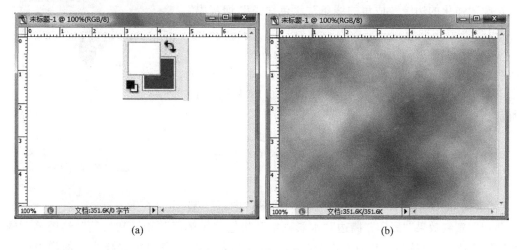

图 6-16　"云彩"滤镜效果

2)镜头光晕

"镜头光晕"滤镜可模拟摄像机镜头光晕效果,同时可自动调节摄像机光晕的位置和创建日光效果等。其操作过程:打开图像→滤镜→渲染→镜头光晕。其应用效果如图 6-17 所示。

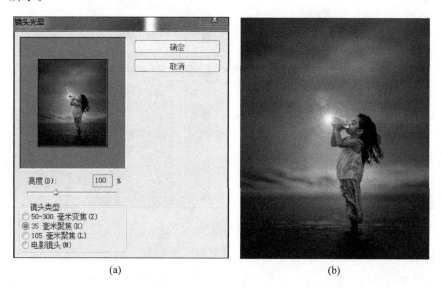

图 6-17　"镜头光晕"滤镜效果

（1）"亮度"参数调整反光强度。

（2）光晕中心调整反光中心位置。

（3）"镜头类型"设置镜头口径和类型。

6. 画笔描边

"画笔描边"滤镜组可以用来模拟不同的画笔或笔刷的效果对图像进行勾画，它包含了"喷溅""喷色描边""墨水轮廓""强化的边缘""成角的线条""深色线条""烟灰墨"和"阴影线"8个滤镜。

"喷溅"滤镜可在图像上喷撒许多小的颜色颗粒，使图像产生笔墨喷溅的效果。其操作过程：打开图像→滤镜→画笔描边→喷溅。其应用效果如图6-18和图6-19所示。

（1）"喷色半径"参数用来控制喷溅的范围。

（2）"平滑度"参数控制喷溅效果的强弱和平滑度。

图 6-18　原图

7. 素描

"素描"滤镜组包含了"便条纸""半调图案""图章""基底凸现""塑料效果""影印""撕边""水彩画纸""炭笔""炭精笔""粉笔和炭笔""绘图笔""网状"及"铬黄"14个滤镜。其中大部分滤镜命令是以前景色和背景色置换当前图像中的色彩，最终使图像产生类似素描、速写和三维等效果。其应用效果如图6-18和图6-19所示。

图 6-19　"喷溅"滤镜效果

1）图章

"图章"滤镜是用前景色和背景色填充图像，使图像产生图章盖印的效果。其操作过程：打开图像→滤镜→素描→图章。其应用效果如图6-20和图6-21所示。

图 6-20　原图

图 6-21　"图章"滤镜效果

（1）"明/暗平衡"参数用来调整前景色和背景色之间的范围。

（2）"平滑度"参数调节图像边缘的平滑程度。

2）铬黄

"铬黄"滤镜可使图像模拟液态金属效果。**其操作过程：**打开图像→滤镜→素描→铬黄。其应用效果如图 6-22 所示。

（1）"细节"参数设置图像细节的保留程度。

（2）"平滑度"参数设置铬黄纹理的光滑程度。

8．纹理

"纹理"滤镜组主要用来向图像中加入纹理并使图像产生材质感和深度感，它包含了

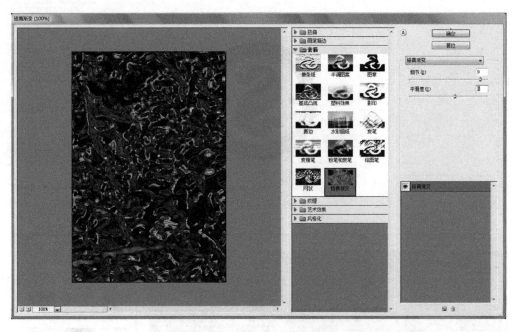

图 6-22 "铬黄"滤镜效果

"拼缀图""染色玻璃""纹理化""颗粒""马赛克拼贴"和"龟裂缝"6 个滤镜。

1）纹理化

"纹理化"滤镜可在图像中添加纹理效果。其操作过程：打开图像→滤镜→纹理→纹理化。其应用效果如图 6-23 所示。

图 6-23 "纹理化"滤镜效果

（1）"纹理"选项设置纹理的类别，还可单击右侧箭头使用载入纹理参数载入 PSD 格式的文件作为纹理。

（2）"缩放"参数调节纹理的尺寸大小。

（3）"凸现"参数调整纹理的深度。

（4）"光照"选项选择凸现的方向，反相复选框设置光照方向是否反转。

2）龟裂缝

"龟裂缝"滤镜可在图像中随机生成龟裂纹并使图像产生浮雕效果。其操作过程：打开图像→滤镜→纹理→龟裂缝。其应用效果如图 6-24 所示。

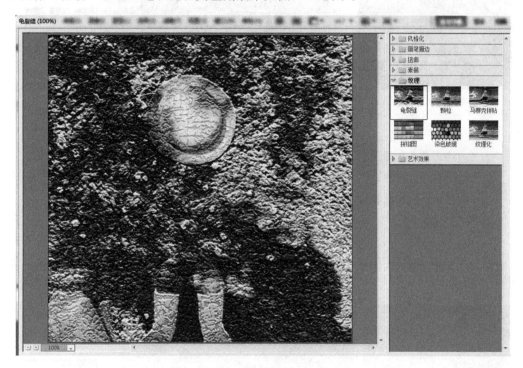

图 6-24 "龟裂缝"滤镜效果

（1）"裂缝间隙"参数调整裂缝间的间距。

（2）"裂缝深度"参数调整裂缝的深度。

（3）"裂缝亮度"参数调整裂缝的亮度。

9．艺术效果

"艺术效果"滤镜组主要用来模拟传统绘画手法，为图像添加艺术效果，它包含了"塑料包装""壁画""干画笔""底纹效果""彩色铅笔""木刻""水彩""海报边缘""海绵""涂抹棒""粗糙蜡笔""绘画涂抹""胶片颗粒""调色刀"和"霓虹灯光"15 个滤镜。

1）海报边缘

"海报边缘"滤镜可减少图像中的颜色数量，并用黑色勾画轮廓使图像产生海报画的效果。其操作过程：打开图像→滤镜→艺术效果→海报边缘。其应用效果如图 6-25 所示。

(a)　　　　　　　　　　　　　　　(b)

图 6-25 "海报边缘"滤镜效果

① "边缘厚度"参数设置黑色边界的宽度。

② "边缘强度"参数设置黑色边界的数量和可视度。

③ "海报化"参数设置颜色在图像上的渲染效果。

2）霓虹灯光

"霓虹灯光"滤镜可用前景色和背景色的混合色给图像重新上色，并使图像产生霓虹灯光的效果。其操作过程：打开图像→滤镜→艺术效果→霓虹灯光。其应用效果如图 6-26 所示。

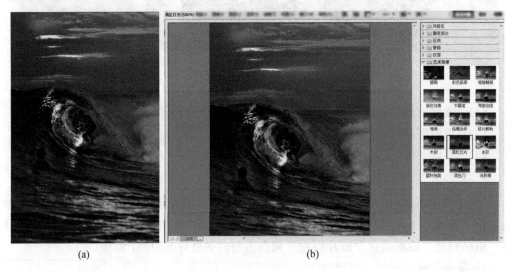

(a)　　　　　　　　　　　　　　　(b)

图 6-26 "霓虹灯光"滤镜效果

① "发光大小"参数设置霓虹灯的照射范围。

② "发光亮度"参数设置霓虹灯灯光的亮度。

③"发光颜色"参数设置霓虹灯灯光的颜色。

10. 锐化

"锐化"滤镜组主要通过增加相邻像素之间的对比度使图像变得更加清晰,它包含了"USM 锐化""智能锐化""进一步锐化""锐化"和"锐化边缘"5 个滤镜。

"USM 锐化"滤镜可在图像边缘的两侧分别制作一条明线或暗线来调整其边缘细节的对比度,使图像边缘的轮廓锐化。其操作过程:打开图像→滤镜→锐化→USM 锐化。其应用效果如图 6-27 所示。

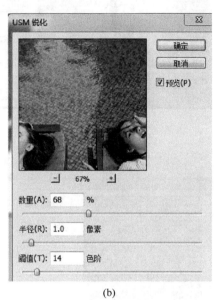

(a)　　　　　　　　　　(b)

图 6-27　"USM 锐化"滤镜效果

(1)"数量"参数调整边缘锐化程度。

(2)"半径"参数调整边缘被锐化的范围。

(3)"阈值"参数调整锐化的相邻像素必须达到的最低差值。

11. 风格化

"风格化"滤镜组主要用来通过移动和置换图像像素的方式产生各具风格的图像效果,它包含了"凸出""扩散""拼贴""曝光过度""查找边缘""浮雕效果""照亮边缘""等高线"和"风"9 个滤镜。

1)扩散

"扩散"滤镜可产生透过磨砂玻璃观察图像的分离模糊效果。其操作过程:打开图像→滤镜→风格化→扩散。其应用效果如图 6-28 所示。

2)浮雕效果

"浮雕效果"滤镜可通过勾画图像轮廓并降低其周围的颜色值,使图像产生浮雕的图案效果。其操作过程:打开图像→滤镜→风格化→浮雕效果。其应用效果如图 6-29 所示。

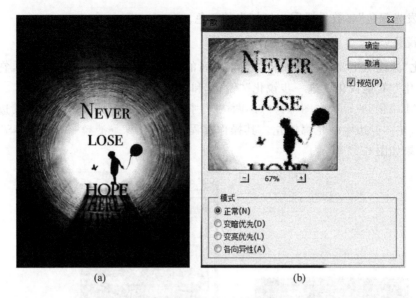

图 6-28 "扩散"滤镜效果

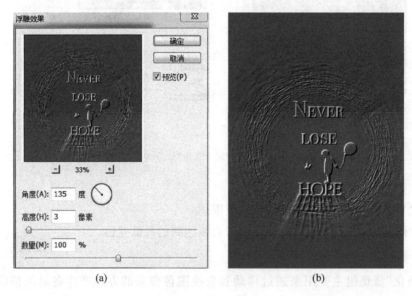

图 6-29 "浮雕效果"滤镜效果

（1）"角度"参数设置图像浮雕效果高光的角度。

（2）"高度"参数设置浮雕的高度。

（3）"数量"参数设置图像细节与颜色的保留程度。

12. 其他

"其他"滤镜组中包含了"位移""最大值""最小值""自定"和"高反差"5 个滤镜，该滤镜组主要用来修饰图像的细节部分，同时可创建一些用户自定义的特殊效果。

"位移"滤镜可偏移图像中的像素。其操作过程：打开图像→滤镜→其他→位移。其应用效果如图 6-30 所示。

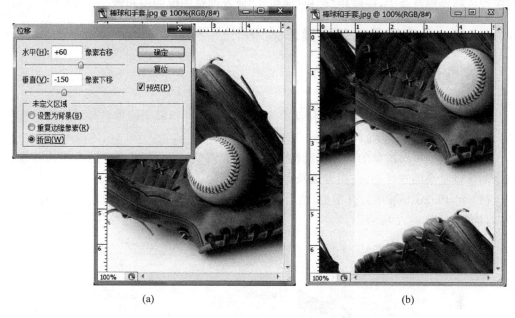

(a)　　　　　　　　　(b)

图 6-30　"位移"滤镜效果

（1）"水平"参数调整图像中像素在水平方向上的移动距离。

（2）"垂直"参数调整图像中像素在垂直方向上的移动距离。

（3）"未定义区域"选项设置像素位移后产生的空白区域的填充方式。

6.2　图像的色彩处理

6.2.1　色彩处理概述及相关基本概念

Photoshop 拥有强大的色彩调整功能，不仅可以对整幅图像进行操作，也可以配合选区工具，对部分图像进行处理。图像的色彩处理主要包括色调调整命令和色彩调整命令两部分。

（1）亮度是指图像原色的明暗度。亮度的调节实际是对图像原色明暗度的调节。例如，RGB 模式图像，其原色为 R（红色）、G（绿色）和 B（蓝色），调节图像亮度其实就是调节3 种原色的明暗度。

（2）色调是指从物体反射或透过物体传播的颜色。色调调整实际就是指将图像的颜色在各种颜色之间进行调整。在图像色彩处理命令中，"色阶""自动色阶""曲线"等命令可对图像的色调进行调整。

（3）对比度是指不同颜色之间的差异，对比度值越大，颜色间差异越大。在所有图像色彩处理命令中，一般用"亮度/对比度"命令调整图像的对比度。

（4）饱和度是指图像颜色的强度和纯度，它表示纯色中灰色成分的相对比例。在所有图像色彩处理命令中，一般用"色相/饱和度"命令调整图像的饱和度。

6.2.2 色彩调整的基本操作

1. 色调调整命令

1）色阶

Photoshop色阶调整是指通过移动滑块使图像中最暗和最亮的像素分别转变为黑色与白色，调整图像的色调范围来调整图像的对比度。

"色阶"命令可对图像的对比度进行多种形式的调整，也可在通道中结合相关的滤镜命令制作较复杂的选区，其应用方法及操作步骤如下。

（1）在 Photoshop 中打开图像，然后选择图像→调整→色阶（Ctrl＋L）命令，打开"色阶"对话框，如图 6-31 所示。

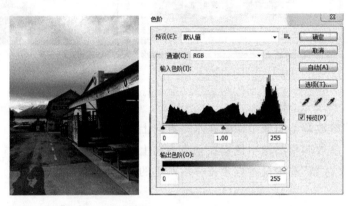

图 6-31 "色阶"对话框

"色阶"对话框中，纵轴的山峰图表示图像或选区内色阶分布，横轴表示色阶值，山峰高的地方色阶处像素多；反之像素少。

（2）移动横轴下方的黑、灰、白三色滑块可分别调整图像暗部、中间色调和亮部的对比度，其中黑色滑块右移图像颜色变深，对比度减弱，如图 6-32 所示。

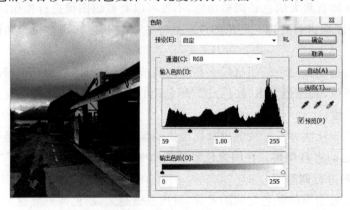

图 6-32 移动色阶值效果

（3）白色滑块左移图像颜色变浅，对比度减弱，如图 6-33 所示。

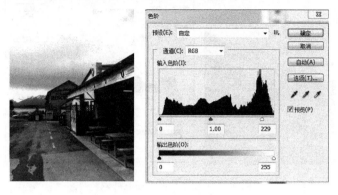

图 6-33 调整色阶白色滑块效果

（4）黑色滑块右移而同时白色滑块左移图像对比度明显加强，如图 6-34 所示。

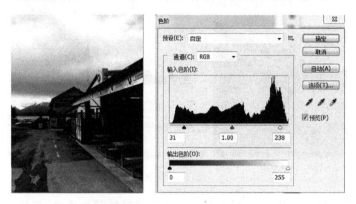

图 6-34 调整色阶黑色滑块效果

（5）灰色滑块向右或向左移动图像中间色调变暗或变亮，但对图像的暗部和亮部不会有太大影响，如图 6-35 和图 6-36 所示。

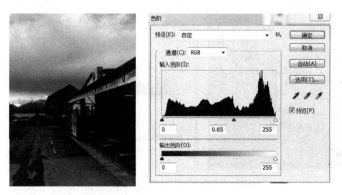

图 6-35 灰色滑块向右滑动效果

（6）在"通道"下拉列表中，可选择复合通道、颜色通道或单色通道进行单独的色阶调整，如图 6-37 所示。

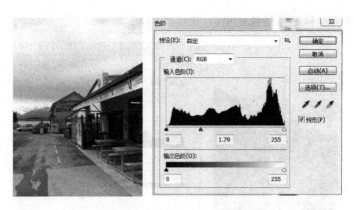

图 6-36　灰色滑块向左滑动效果

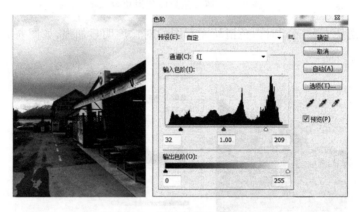

图 6-37　调整色阶通道调整

（7）单击对话框中的设置黑场按钮，在图像中最暗的部位单击，可使图像的暗部得到加强，如图 6-38 所示。

图 6-38　调整暗部效果

（8）单击对话框中的设置白场按钮，在图像中最亮的部位单击，可使图像的亮部得到加强，如图 6-39 所示。

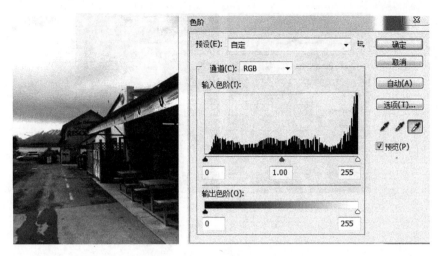

图 6-39　调整亮部效果

（9）单击对话框中的设置灰点按钮，在图像中没有偏色的部位单击，可校正图像偏色，如图 6-40 所示。

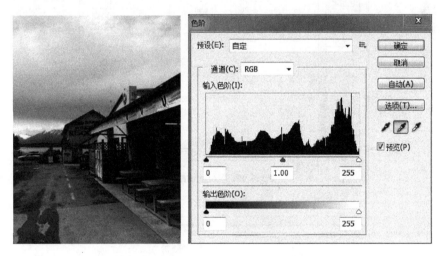

图 6-40　校正图像偏色

2）自动色阶

"自动色阶"命令主要用来快速、粗略地调整图像的明暗度，其功能与"色阶"对话框中的自动按钮基本一致。其应用方法及操作步骤：打开图像→图像→调整→自动色阶（Shift＋Ctrl＋L）。其应用效果如图 6-41 所示。

3）曲线

"曲线"命令进行色彩校正与使用色阶非常相似。使用"曲线"命令可以在 0～255 范围内的任何点进行颜色校正，也可以使用曲线对图像中的个别色彩通道进行精确调整。曲线具体调整和设置如图 6-42 所示。

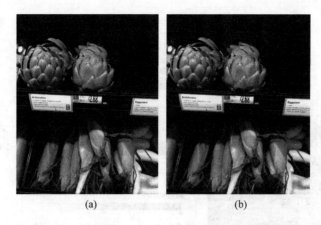

(a)　　　　　　　(b)

图 6-41　自动色阶调整

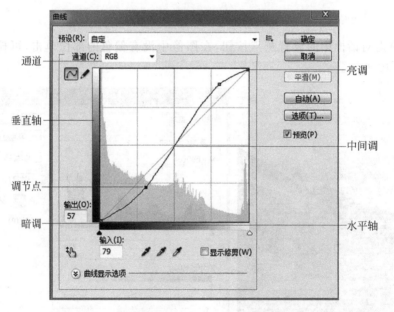

图 6-42　"曲线"命令调整

亮调：调整图像亮部的对比度。

中间调：控制图像的中间色对比度。

暗调：调整图像暗部的对比度。

调节点：添加的"调节点"丰富曲线。

垂直轴：表示图像原来的亮度值。

通道选择菜单：选择单个色彩通道进行精确的调整。

水平轴和垂直轴之间的关系，可以通过调节对角线（曲线）来控制。

（1）调节曲线右上角的端点：在曲线右上角的端点，如图 6-42 所示，向左移动，增加图像亮部的对比度，使图像变亮；端点向下移动，降低图像亮部的对比度，使图像变暗。

（2）调节曲线左下角的端点：在曲线左下角的端点，如图 6-42 所示，向右移动，增加图像暗部的对比度，使图像变暗；端点向上移动，降低图像暗部的对比度，使图像变亮。

（3）增加调节点：也可以利用调节点控制对角线中间部分。在曲线上单击，就可以增加调节点，曲线斜度就是它的灰度系数。如果在曲线的中点处添加一个调节点，并向上移动，会使图像变亮；向下移动这个调节点，会使图像变暗。

打开素材图像，如图 6-43 所示，选择图像→调整→曲线（Ctrl＋M）命令，打开"曲线"对话框，在曲线上单击添加调节点，将曲线输出值调整至 142，曲线输入值调整至 114，效果如图 6-44 所示。从图中可以看出，图 6-44 效果较图 6-43 亮度较亮。

图 6-43　素材图像效果　　　　　　　图 6-44　曲线调整后的效果

2. 色彩调整命令

1）自动对比度

"自动对比度"命令（Alt＋Shift＋Ctrl＋L）能够自动调节与平衡图像中颜色的对比度。其操作过程：打开图像→图像→调整→自动对比度。其应用效果如图 6-45 所示。

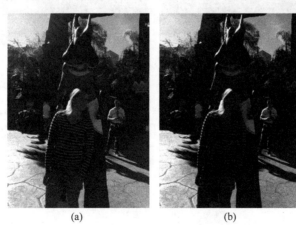

(a)　　　　　　　　　　(b)

图 6-45　自动对比度调整效果

2）自动颜色

"自动颜色"命令（Shift＋Ctrl＋B）能够自动调节与平衡图像中相似颜色间的亮度与

暗度。其操作过程：打开图像→图像→调整→自动颜色。其应用效果如图 6-46 所示。

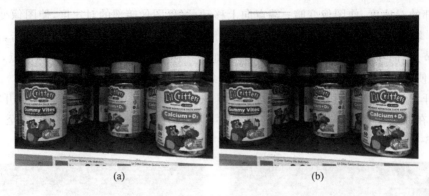

(a)　　　　　　　　　　　　　　(b)

图 6-46　自动颜色调整效果

3）色彩平衡

"色彩平衡"命令(Ctrl＋B)主要用来对图像进行一般性的色彩校正。其操作过程：
打开图像→图像→调整→色彩平衡。其应用效果如图 6-47 所示。

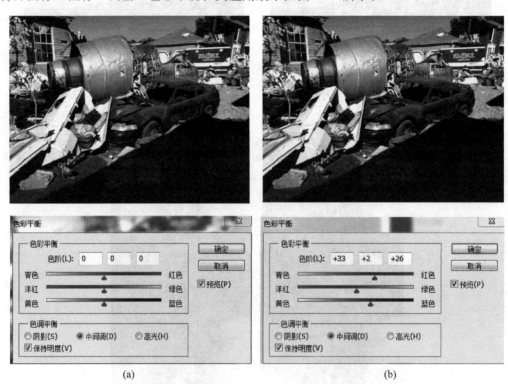

(a)　　　　　　　　　　　　　　(b)

图 6-47　色彩平衡调整效果

（1）"色彩平衡"参数用来调整图像色阶值，操作中可在"色阶"右侧方框中输入－100～
100 的整数值或拖曳青色-红色/洋红-绿色/黄色-蓝色滑块进行调整。

（2）"色调平衡"选项中，"阴影""中间调"和"高光"分别设置调整色彩平衡的色调范
围为暗调、中间调和高光；"保持明度"复选框设置调整过程中图像的明度是否保持不变。

4）亮度/对比度

"亮度/对比度"命令主要用来对整个图像的明暗度以及颜色的对比度进行调整。其操作过程：打开图像→图像→调整→亮度/对比度。其应用效果如图 6-48 所示。

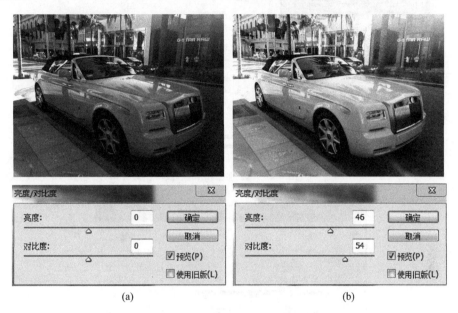

(a)　　　　　　　　　　　　　(b)

图 6-48　"亮度/对比度"调整效果

（1）"亮度"参数用来调整图像的明暗度。

（2）"对比度"参数用来调整图像颜色的对比度。

5）色相/饱和度

"色相/饱和度"命令（Ctrl+U）主要用来对整个图像或目标通道中像素的色相、饱和度和明暗度进行调整，还可通过给像素定义新的色相及饱和度来更改灰度图像的颜色。其操作过程：打开图像→图像→调整→色相/饱和度。其应用效果如图 6-49～图 6-51所示。

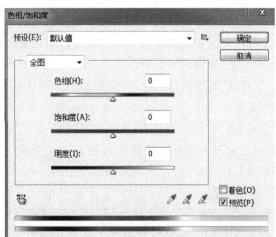

图 6-49　初始色相/饱和度

图 6-50　提升色相/饱和度

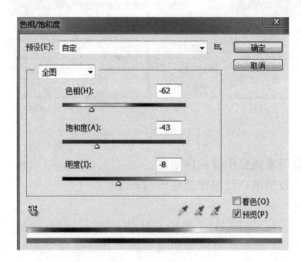

图 6-51　降低色相/饱和度

①"编辑"下拉列表框用于选择当前调整的目标是全图还是目标通道。

②"色相"参数调整图像或图像中目标通道的色相。

③"饱和度"参数调整图像或图像中目标通道的饱和度。

④"明度"参数调整图像或图像中目标通道的明暗度。

⑤"着色"复选框勾选后,可将当前图像或选区调整为某种单一颜色。

6）去色

"去色"命令（Shift＋Ctrl＋U）主要用来将彩色图像转换为灰度图像,但图像的原始色彩模式不会发生改变。其操作过程：打开图像→图像→调整→去色。其应用效果如图 6-52 所示。

7）替换颜色

"替换颜色"命令主要用来将图像中的某种颜色替换为其他颜色,对替换的颜色进行色相、饱和度和明度等属性的设置。其操作过程：打开图像→图像→调整→替换颜色。

(a)　　　　　　　　　　(b)

图 6-52　去色效果调整

其应用效果如图 6-53 和图 6-54 所示。

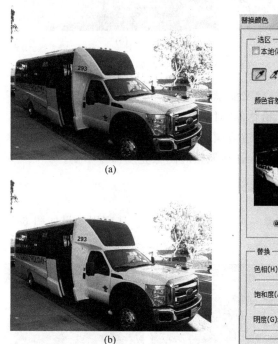

(a)

(b)

图 6-53　替换颜色效果　　　　　　　　图 6-54　"替换颜色"对话框

（1）吸管工具（🖋）用来进行颜色取样，添加到取样工具（🖋）用来增加取样颜色范围，从取样中减去工具（🖋）用来减少取样颜色范围。

（2）"颜色容差"参数调整取样容差值，值越大，一次取样范围越广。

（3）"选区"和"图像"选项用来设置预览图像显示效果。选择"选区"选项，则图像背景显示为黑色，取样后，被取样的颜色的区域显示为白色；选择"图像"选项则不能直观体现被取样的颜色和范围。

（4）"色相""饱和度"和"明度"参数用来调节结果颜色的色相、饱和度和明度。

注意：" 匹配颜色" 命令只能用于 RGB 模式图像，而" 替换颜色" 命令可以用于几乎所有模式的图像。

8）照片滤镜

"照片滤镜"命令主要是针对图像中的某个颜色通道或某种颜色进行饱和度等属性的调整,还可在调整时保持颜色通道或颜色的亮度不变。**其操作过程**:打开图像→图像→调整→照片滤镜。其应用效果如图 6-55 所示。

(a)　　　　　　　　　　　　　　(b)

图 6-55　"照片滤镜"命令调整效果

（1）"滤镜"下拉列表中可选择自定义滤镜颜色。

（2）"颜色"选项选择后可打开"拾色器"对话框,自行选择需要的滤镜颜色。

（3）"浓度"参数可调节当前颜色通道或颜色的浓度,即饱和度。

（4）"保留亮度"复选框勾选后,可保证在调整时图像亮度保持不变。

9）阴影/高光

"阴影/高光"命令主要用来调整图像中阴影和高光数量的多少,从而调节图像的明暗程度。**其操作过程**:打开图像→图像→调整→阴影/高光。其应用效果如图 6-56 所示。其中,"阴影""高光"参数如图 6-57 所示。

(a)　　　　　　　　(b)　　　　　　　　(c)

图 6-56　原图、阴影调整及高光调整

（1）"阴影"→"数量"参数可调节图像阴影的程度。

（2）"高光"→"数量"参数可调节图像高光的程度。

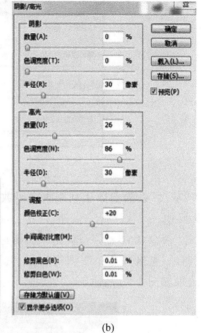

(a)   (b)

图 6-57 "阴影""高光"参数设置

（3）"显示更多选项"复选框勾选后，可对现有参数进行扩展。

（4）"存储"按钮可将当前参数设置存储为一个 SHH 格式的文件。

（5）"载入"按钮可载入一个 SHH 格式的文件。

10）曝光度

"曝光度"命令是通过在线性颜色空间执行计算，从而对图像的颜色进行调整。其操作过程：打开图像→图像→调整→曝光度。其应用效果如图 6-58 和图 6-59 所示。

(a)   (b)

图 6-58 调整曝光度前后效果对比

（1）"曝光度"参数调整色调范围的高光区域，对极限阴影影响很小。

（2）"位移"参数调整阴影和中间色调，对高光区域影响很小。

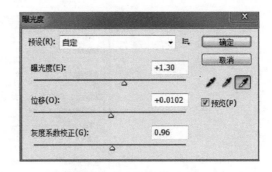

图 6-59　调整曝光度参数设置

（3）"灰度"系数参数是利用乘方函数计算调节图像灰度系数。

11）反相

"反相"命令（Ctrl＋I）一般用来将图像颜色进行反转从而得到负片效果，可对独立图层、单独通道、选区或整个图像进行操作。其操作过程：打开图像→图像→调整→反相。其应用效果如图 6-60 所示。

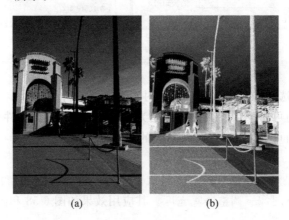

(a)　　　　　　(b)

图 6-60　反相效果对比

12）色调均化

"色调均化"命令主要用来重新分配图像像素的亮度值，使图像中像素更加均匀地表现所有的亮度级别。其操作过程：打开图像→图像→调整→色调均化。其应用效果图 6-61 所示。

13）阈值

"阈值"命令主要用来将灰度或彩色图像转化为对比度非常明显的黑白图像。其操作过程：打开图像→图像→调整→阈值。其应用效果如图 6-62 所示。"阈值"对话框中的"阈值""色阶"参数设置图像转化为黑白图像过程中黑色像素的多少。

14）色调分离

"色调分离"命令主要用来设定图像中某个颜色通道的亮度级别。其操作过程：打开图像→图像→调整→色调分离。其应用效果如图 6-63 所示。

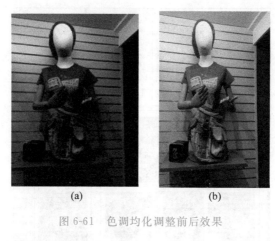

图 6-61   色调均化调整前后效果

图 6-62   阈值调整效果

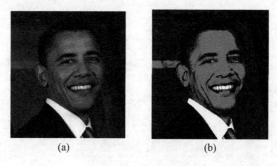

图 6-63   色调分离调整效果

15）变化

"变化"命令可以在调整图像、选区或图层的色彩平衡、对比度和饱和度的同时，精确查看到调整后的效果。其操作过程：打开图像→图像→调整→变化。其应用效果如图 6-64 所示。

6.2.3   水晶花效果制作

（1）新建一个 800 像素×800 像素、分辨率为 72 像素/英寸、RGB 模式的文件。将

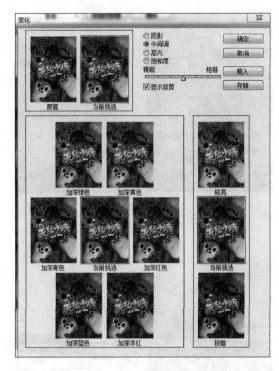

图 6-64　变化命令调整框

"背景"图层填充为黑色,如图 6-65 所示。

图 6-65　新建背景图层

（2）按 Ctrl+J 组合键复制背景图层。选择滤镜→渲染→镜头光晕命令，打开"镜头光晕"对话框。选择"电影镜头"单选按钮并调整亮度，然后在预览框的中心位置单击，将光晕设置在画面的中心，如图 6-66 所示。单击"确定"按钮，效果如图 6-67 所示。

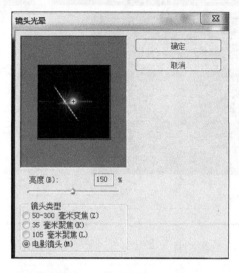

图 6-66　"镜头光晕"对话框

图 6-67　创建镜头光晕效果

（3）选择滤镜→扭曲→旋转扭曲命令，设置参数如图 6-68 所示，使光晕图形产生旋转效果，如图 6-69 所示。

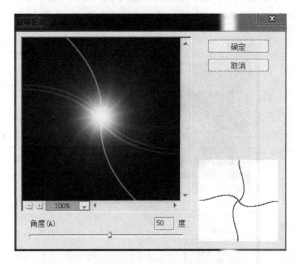

图 6-68 "旋转扭曲"命令参数设置

图 6-69 光晕旋转扭曲

(4) 复制"图层 1"图层,修改混合模式,如图 6-70 所示。按 Ctrl+T 组合键显示定界框,右击,选择"水平翻转"命令翻转图像,效果如图 6-71 所示,按 Enter 键确认。

图 6-70 混合模式为变亮　　　　图 6-71 水平翻转后图像效果

(5) 按 Ctrl+E 组合键向下合并图层,如图 6-72 所示。按 Ctrl+J 组合键复制并调整混合模式,如图 6-73 所示。按 Ctrl+T 组合键显示定界框,右击,选择"顺时针旋转90 度"命令,效果如图 6-74 所示。

图 6-72 合并图层　　　　图 6-73 调整混合模式为变亮

(6) 按 Ctrl+E 组合键再次向下合并图层,复制新图层,并修改混合模式为"亮度"。按 Ctrl+T 组合键显示定界框,在工具选项栏中设置旋转角度为 45°,如图 6-75 所示。按Enter 键确认。

(7) 继续向下合并图层,复制新图层,然后修改混合模式为"变亮"。按 Ctrl+T 组合键显示定界框,在工具选项栏中设置缩放值和旋转角度,如图 6-76 所示。按 Enter 键确认,如图 6-77 所示。再向下合并图层。

(8) 分别按 Ctrl+3、Ctrl+4 和 Ctrl+5 组合键,在窗口中显示红、绿、蓝 3 个颜色通道中灰度图像,如图 6-78～图 6-80 所示。

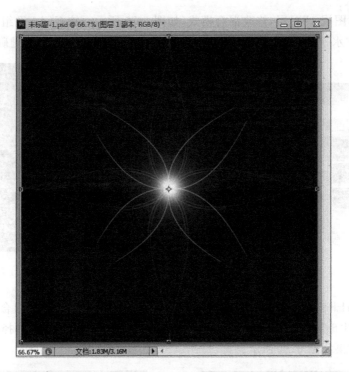

图 6-74   旋转 90°后效果

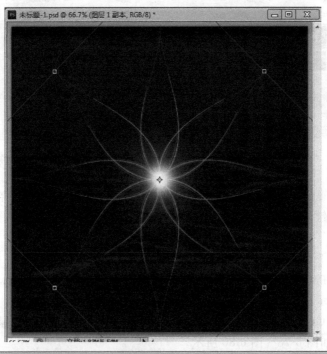

图 6-75   调整旋转角度为 45°图像效果

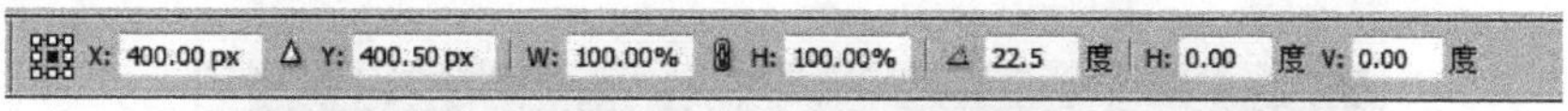

| 田田 | X: 400.00 px | △ Y: 400.50 px | W: 100.00% | 🔗 H: 100.00% | △ 22.5 | 度 | H: 0.00 | 度 | V: 0.00 | 度 |

图 6-76　旋转角度为 22.5°设置参数

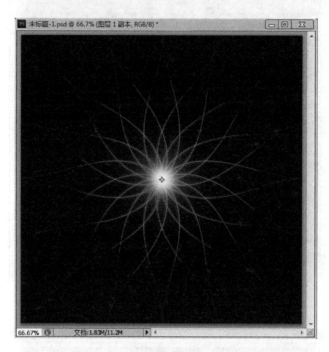

图 6-77　图像旋转角度 22.5°效果

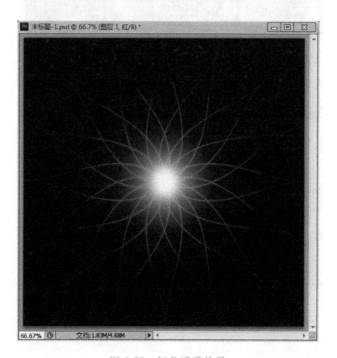

图 6-78　红色通道效果

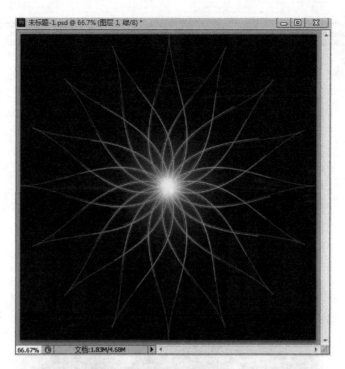

图 6-79　绿色通道效果

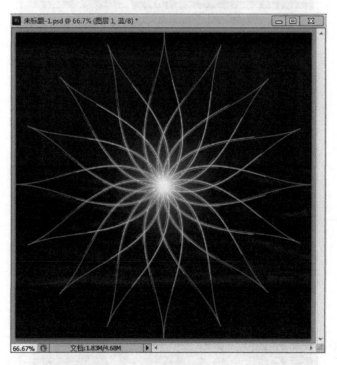

图 6-80　蓝色通道效果

（9）通过比较可以发现，蓝色通道的明暗对比最明显，花朵形状最清晰，在通道面板中按住 Ctrl 键单击蓝色通道，载入它的选区，如图 6-81 所示。按 Ctrl＋2 组合键返回 RGB 模式，如图 6-82 所示。

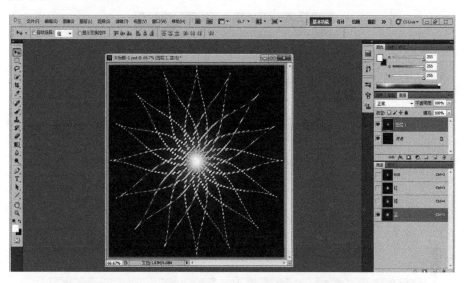

图 6-81　载入蓝色通道选区

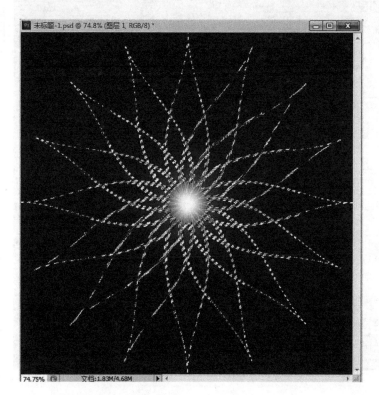

图 6-82　回到 RGB 模式下效果

（10）按 Ctrl＋J 组合键，将选区内的图像复制到一个新的图层中，单击锁定透明像素按钮，然后隐藏"图层 1"图层，如图 6-83 所示。在"图层 2"中填充白色，效果如图 6-84 所示。

图 6-83　复制选区内图像

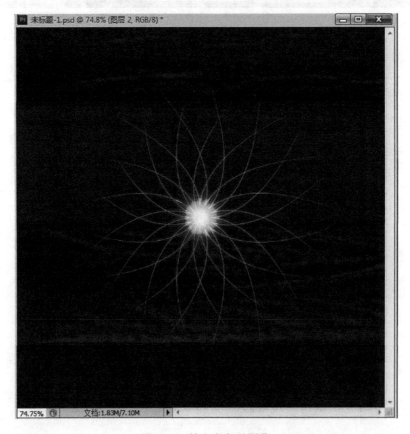

图 6-84　填充白色后图像

（11）单击图层面板底部图层样式按钮，选择"外发光"命令，打开"图层样式"对话框，设置参数如图 6-85 所示，效果如图 6-86 所示。

图 6-85　图层样式外发光调整参数

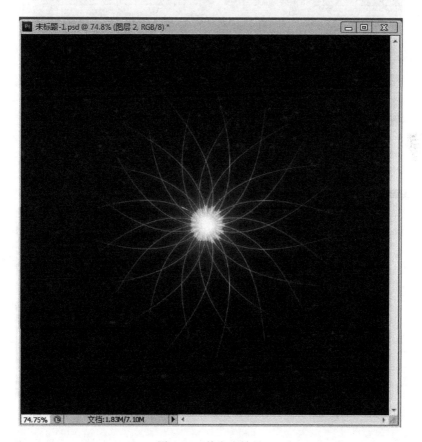

图 6-86　外发光效果

（12）将前景色调整为灰色，选择钢笔工具，在工具选项栏中按下"形状图层"按钮，绘制出图 6-87 所示图形。按 Ctrl＋Shift＋［组合键将形状图层移至最底层，完成制作，如图 6-88 和图 6-89 所示。

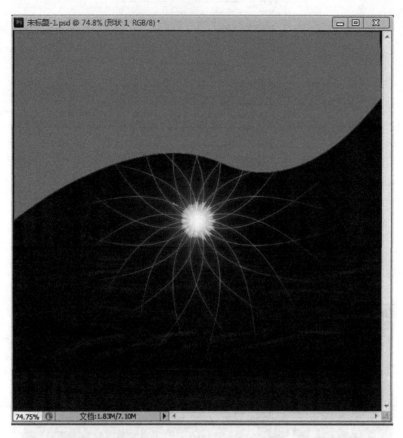

图 6-87　绘制形状图层

图 6-88　调整形状图层位置

图 6-89　最终效果

单 元 小 结

　　本单元主要介绍了 Photoshop 中一系列滤镜工具的使用和图像色彩处理的基本操作,通过本单元的学习,学习者应熟练掌握常用滤镜工具的使用方法以及图像色彩处理的方法,从而更好地实现图像特效的处理和色彩的优化。

单元 7

Photoshop图像处理综合应用

内容导航

学习图像处理综合应用的技巧；运用综合知识进行图像的后期处理和设计；学习图像整合的操作和整合技巧；掌握 Photoshop 常用工具的运用技巧。

7.1　江南水乡景观的效果处理与设计

利用 Photoshop 就可以很轻松地调整出想要的各种光色搭配、亮度及曝光度，本案例以江南水乡优美的景观为素材，通过对画面整体色调的调整和设置，使整幅图像在艺术形式上更加美观。其具体操作步骤如下。

（1）打开需要的素材图像，如图 7-1 所示，选择背景图层，并将其复制，然后对图层混合模式进行调整。

图 7-1　对背景图层进行调整后的效果

（2）打开需要的蓝天素材图像，如图 7-2 所示，单击工具箱中的"移动工具"按钮，将素材图像拖曳到编辑的图像中，得到"图层 1"图层，如图 7-3 所示。

图 7-2　蓝天素材图像

图 7-3　将图像拖曳至编辑图像中

（3）选中背景图层，单击"图层 1"图层前的"指示图层可见性"图标，隐藏"图层 1"图层的可见状态。选择窗口→通道命令，打开通道面板，如图 7-4 和图 7-5 所示。

图 7-4　隐藏"图层 1"图层的可见性

图 7-5　打开通道面板

（4）单击通道面板中的"蓝"通道，在画面中查看蓝通道下的图像效果，如图 7-6 和图 7-7 所示。

图 7-6　选中"蓝"通道

图 7-7　"蓝"通道下图像效果

（5）单击并拖曳"蓝"通道至面板底部的"创建新通道"按钮上，复制"蓝"通道，得到"蓝副本"通道，如图 7-8 所示。

（6）按 Ctrl+L 组合键，打开"色阶"对话框，设置色阶值为"196,0.58,231"，设置完成后单击"确定"按钮，如图 7-9 所示。

图 7-8　新建"蓝副本"通道　　　　　　　　图 7-9　设置图像色阶

（7）在画面中查看为"蓝副本"通道，应用"色阶"命令后的图像效果。在工具箱中设置前景色为黑色，单击工具箱中"画笔工具"按钮，在其选项栏中设置其"不透明度"为100％，如图 7-10 所示。

（8）使用"画笔工具"在画面适当位置单击并进行涂抹，将图像部分涂抹为黑色。继续使用画笔工具在画面适当位置涂抹，将图像区域涂抹为黑色，如图 7-11 所示。

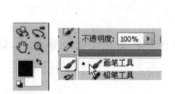

图 7-10　设置前景色和画笔　　　　　　图 7-11　使用画笔工具涂抹图像

（9）按住 Ctrl 键单击"蓝副本"通道的通道缩览图，将"蓝副本"通道中的图像作为选区载入，如图 7-12 和图 7-13 所示。

图 7-12　将通道载入选区 1　　　　　　图 7-13　载入选区后图像效果

（10）选择选择→反向命令，将选区进行反向。单击 RGB 通道前的"指示通道可见性"图标，在画面中查看 RGB 通道下的图像效果。

（11）选中"背景副本"图层，按 Ctrl＋J 组合键，复制选区图层为"图层 2"图层，选中"图层 1"图层，单击该图层前的"指示通道可见性"图标，显示该图层，按 Ctrl＋T 组合键，自由变换图像大小和外形。设置完成后单击选项栏的"进行变换"按钮，应用变换。将通道载入选区，如图 7-14 所示，应用"变换"命令，如图 7-15 和图 7-16 所示。

(a)

(b)

图 7-14 将通道载入选区 2

图 7-15 复制选区图层

图 7-16 对图像进行自由变换

（12）确保"图层 1"图层为选中状态，按住 Ctrl 键单击"图层 2"的缩览图，将"图层 2"中的图像作为选区载入，如图 7-17 和图 7-18 所示。

图 7-17 按 Ctrl 键单击"图层 2"的缩览图

图 7-18 将图像作为选区载入

（13）选择选择→反向命令，反向选区。单击"图层"面板底部的"添加图层蒙版"按钮,为"图层 1"添加图层蒙版效果,实现融合效果,如图 7-19 和图 7-20 所示。

图 7-19 对图像反向选择后添加图层蒙版　　　　　　图 7-20 融合后图像效果

(14) 选择图层→向下合并命令,按 Ctrl＋E 组合键,合并图层蒙版和"图层 2",如图 7-21 所示。

图 7-21 合并图层

(15) 按 Ctrl＋Shift＋Alt＋E 组合键盖印图层,创建"色阶"调整图层,在打开的面板中选择"中间较亮"选项,提高图像亮度,如图 7-22 所示。

(16) 单击"色阶"图层的图层蒙版缩览图,设置前景色为黑色,在天空区域涂抹,修复偏亮的图像,如图 7-23 所示。

图 7-22 色阶调整图层　　　　　　图 7-23 修复偏亮的图像

　　（17）再创建一个"色阶"调整图层，在打开的面板中选择"增加对比度1"选项，增强对比度效果，如图7-24所示。

图7-24 增加对比度1设置

　　（18）盖印图层，选择滤镜→锐化→USM锐化命令，打开"USM锐化"对话框，在对话框中设置参数，锐化图像，如图7-25所示。

图7-25 锐化图像

　　（19）创建"色彩平衡"调整图层，在打开的面板中分别对"阴影"和"中间调"颜色进行设置，如图7-26和图7-27所示。

　　（20）继续在面板中对"高光"颜色进行设置，变换照片的整体色调，如图7-28所示。

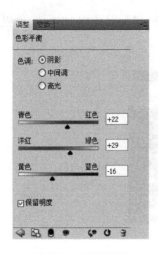
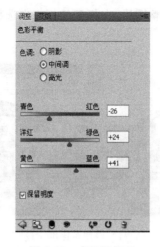
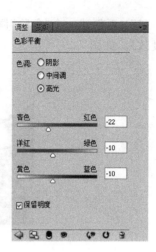

图 7-26　阴影调整　　　　　图 7-27　中间调调整　　　　　图 7-28　高光调整

（21）创建"照片滤镜"调整图层，选择"深黄"滤镜，调整图像，如图 7-29 所示。

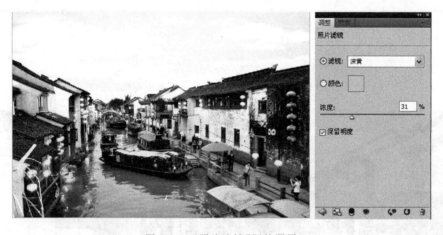

图 7-29　"照片滤镜"调整图层

（22）单击"通道"面板中的"蓝副本"通道，按住 Ctrl 键单击"蓝副本"通道的通道缩览图，将"蓝副本"通道中的图像作为选区载入，获取天空选区，如图 7-30 所示。

图 7-30　选区载入获取天空选区

（23）选择图像→调整→色相/饱和度命令，对天空选区的"色相/饱和度"进行调整，如图 7-31 所示。

图 7-31 调整天空选区的"色相/饱和度"

（24）盖印图像，设置图层混合模式为"正片叠底"，"不透明度"为 75%，增强画面的对比度，如图 7-32 所示。

图 7-32 设置图层的混合模式

（25）使用套索工具 在图像右侧创建选区，并将选区"羽化半径"设置为 245 像素，选择图像→调整→曝光度命令。继续使用选区工具，进行曝光度的调整，直到获得满意效果，如图 7-33 所示。

图 7-33 提亮选区效果

（26）载入上一步设置的选区，创建"亮度/对比度"调整图层，设置"亮度"为20，"对比度"为0，提高选区内图像的亮度，如图7-34所示。

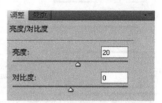

图7-34　"亮度/对比度"调整图层

（27）创建"色阶"调整图层，在打开的面板中设置色阶值为"17、1.17、244"，调整图像的色阶，如图7-35所示。

图7-35　调整图像色阶

（28）单击"色阶"图层缩览图，设置前景色为黑色，使用柔角画笔在图像上涂抹，恢复天空和白色墙面的影调，如图7-36所示。

图7-36　画笔工具涂抹图层

（29）盖印图层，选择选择→色彩范围命令，在打开的"色彩范围"对话框中设置选择范围，创建灯笼选区，如图 7-37 所示。

图 7-37　创建灯笼选区

（30）创建"颜色填充"调整图层，设置填充颜色为红色，将调整图层的混合模式更改为"柔光"，如图 7-38 所示。

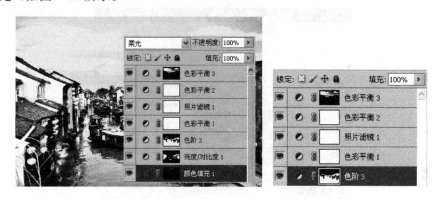

图 7-38　设置柔光图层混合模式

（31）在"图层 4"上方创建一个"色相/饱和度"调整图层，在打开的面板中设置各项参数，调整画面的饱和度，如图 7-39 所示。

图 7-39　设置"色相/饱和度"调整图层

（32）使用裁剪工具创建一个黑色的边框，将黑色调整为背景色进行填充，如图 7-40 和图 7-41 所示。

图 7-40　裁剪工具裁剪图像　　　　　　　图 7-41　裁剪后的效果图像

（33）结合文字工具和图形绘制工具添加文字与线条，如图 7-42 所示。

图 7-42　添加文字和线条

7.2　文字海报的处理与设计

利用 Photoshop 相关工具和命令可以设计出非常实用的宣传海报。方法如下。

1. 新建文件并调整前景色色块

（1）选择文件→新建命令，打开"新建"对话框，设置新建文件名称和宽度等各项参数。

（2）设置完成"新建"对话框中的各项参数后单击"确定"按钮，新建文件，单击前景色色块，如图 7-43 所示。

图 7-43 新建文件并单击前景色色块

2. 设置并填充前景色

(1) 打开"拾色器(前景色)"对话框,设置颜色值为#06913a,设置完成后单击"确定"按钮。

(2) 按 Alt+Delete 组合键,为背景图层填充颜色为前景色,如图 7-44 所示。

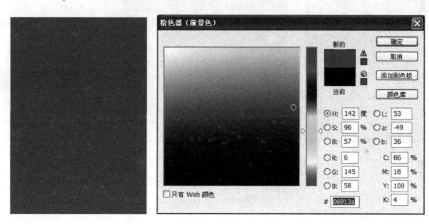

图 7-44 填充前景色

3. 创建选区并设置前景色

(1) 使用矩形选框工具在画面适当位置创建矩形选区。

(2) 单击工具箱中的前景色色块,打开"拾色器(前景色)"对话框,设置前景色参数为#A1C910。

(3) 单击图层面板底部的"创建新图层"按钮,创建"图层 1"图层,如图 7-45 所示。

4. 填充创建选区

(1) 按 Alt+Delete 组合键,为选区填充前景色。

(2) 使用矩形选框工具在画面适当位置单击并拖曳鼠标,创建选区。

(3) 单击图层面板底部的"创建新图层"按钮,创建"图层 2"图层,如图 7-46 所示。

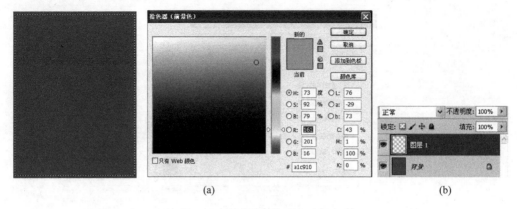

图 7-45 创建选区并设置前景色

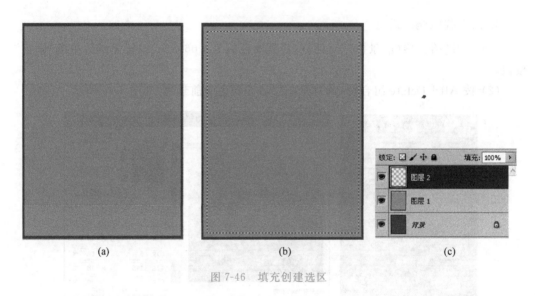

图 7-46 填充创建选区

5. 填充并变换图像位置

(1) 使用渐变工具为选区应用线性渐变填充效果。

(2) 选中"图层 1"图层,按 Ctrl+T 组合键,自由变换图像,确定外形后按 Enter 键。

(3) 同理,选中"图层 2"图层,按 Ctrl+T 组合键,自由变换图像,如图 7-47 所示。

6. 创建并填充选区

(1) 使用多边形套索工具在画面适当位置创建选区。

(2) 单击图层面板底部的"创建新图层"按钮,创建"图层 3"。

(3) 将前景色设置为白色,按 Alt+Delete 组合键为选区填充白色,如图 7-48 所示。

7. 添加投影并打开素材

(1) 为第 6 步绘制的图像应用投影效果,并打开素材图像。

(2) 使用移动工具将打开的素材拖曳至本实例文件中,得到"图层 4"图层,将该图层的不透明度设置为 50%,如图 7-49 所示。

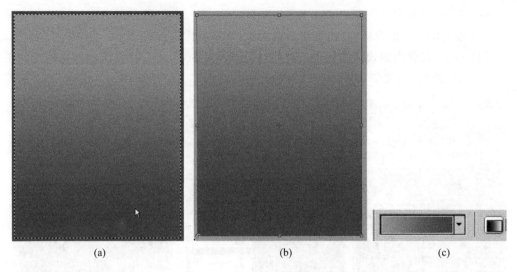

图 7-47　填充并变换图像位置

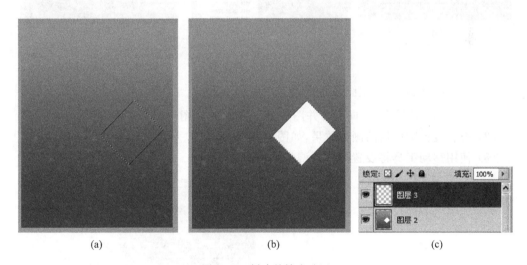

图 7-48　创建并填充选区

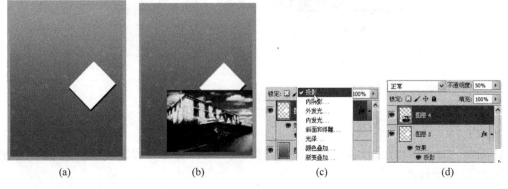

图 7-49　添加投影并打开素材

8. 调整图像大小和外形

（1）按 Ctrl+T 组合键，自由变换图像大小，并将图像进行旋转。

（2）右击，在弹出的快捷菜单中选择"斜切选项"命令，单击并拖曳图像四周的控制手柄，调整图像外形，如图 7-50 所示。

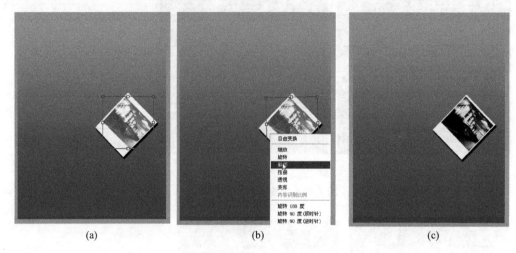

图 7-50　调整图像大小和外形

9. 向下合并图层并调整图像位置

（1）按 Ctrl+E 组合键，向下合并图层，得到"图层 3"图层。

（2）查看设置图层后的画面效果，如图 7-51 所示。

（3）使用移动工具将设置的图像调整至页面适当位置。

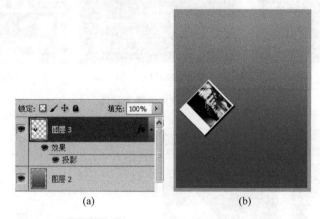

图 7-51　设置图层后画面效果

10. 打开并设置素材

（1）与前面的方法相同，分别创建填充选区，并为图像添加投影效果，可以使用复制投影效果添加到新图层。

（2）选中"图层 15"，打开素材图像，将其拖曳至工作区中，调整图像外形和位置。

（3）按 Ctrl＋E 组合键，向下合并图层，得到"图层 14"，如图 7-52 所示。

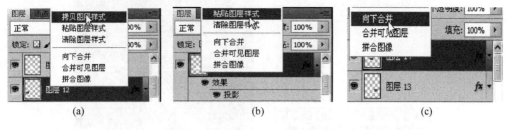

图 7-52　复制图层样式向下合并

11. 载入选区并添加蒙版

（1）选中"图层 19"，按住 Ctrl 键，单击"图层 18"的图层缩览图。

（2）将"图层 18"中图像作为选区载入，如图 7-53 所示。

（3）单击图层面板底部的"创建新图层"按钮，为"图层 19"添加图层蒙版效果。

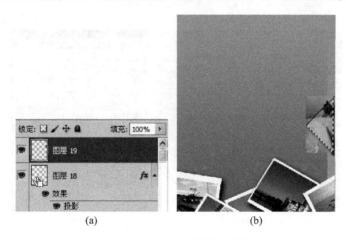

图 7-53　载入选区并添加蒙版

12. 添加图层蒙版并向下合并图层

（1）确保"图层 19"为选中状态。

（2）按 Ctrl＋E 组合键，向下合并图层，得到"图层 18"。

（3）在画面中查看添加图层蒙版并向下合并图层后的画面效果，如图 7-54 所示。

13. 输入需要的文本设置属性

（1）与第 12 步的方法相同，继续设置画中图像。单击工具箱中"横排文字工具"按钮，在画面中输入需要的文本。

（2）选择窗口→字符命令，打开"字符"面板，设置文本字体和颜色等参数。

（3）查看设置文本属性后的图像效果，如图 7-55 所示。

14. 输入并选中文本，设置文本字符

（1）使用横排文字工具输入需要的文本。

（2）双击文本，进入文本编辑状态，选中文本"费用包含"。

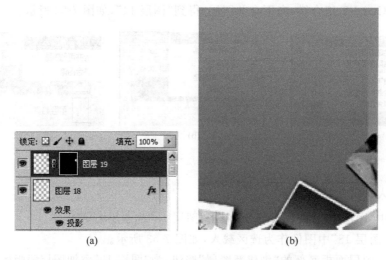

(a)　　　　　　　　　　　　(b)

图 7-54　添加图层蒙版并向下合并图层

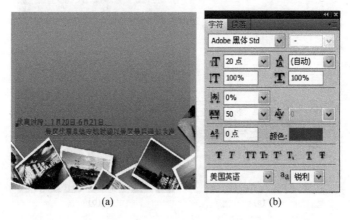

(a)　　　　　　　　　　　　(b)

图 7-55　设置文本属性

（3）单击横排文字工具选项栏中的"切换字符和段落面板"按钮，设置文本字体，大小和颜色参数，如图 7-56 所示。

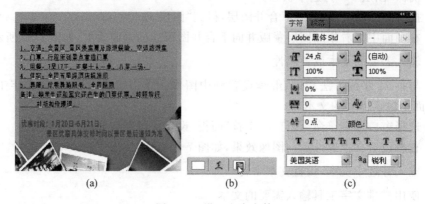

(a)　　　　　　(b)　　　　　　(c)

图 7-56　设置文本字符

15. 设置画面细节图像

（1）使用钢笔工具在画面适当位置绘制线段，在"图层2"上新建"图层19"，并为其应用"描边"填充效果，如图7-57所示。

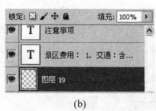

(a) (b) (c)

图7-57 设置画面细节

（2）选择画笔工具设置画笔大小及硬度，在路径面板菜单中选择用画笔描边路径命令，如图7-58所示。

（3）在设置文本画面适当位置，调整画面细节，实现图像效果，如图7-59所示。

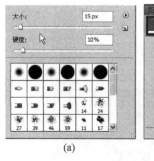

(a) (b)

图7-58 设置笔刷并用画笔描边路径

图7-59 图像最终效果

7.3 写字楼建筑外观效果图后期处理

7.3.1 打开及合并文件

（1）启动 Photoshop，打开前面渲染完成的建筑部分效果图及其通道文件，如图 7-60
所示。

图 7-60 打开效果图源文件

（2）将两个文件中的建筑部分与背景分离。先激活效果文件，在菜单栏上选择选
择→载入选区命令，如图 7-61 所示。

图 7-61 载入选区

（3）执行完上述操作后，会看到建筑部分被单独选中，然后按 Ctrl＋J 组合键，将选区部分单独复制在一个新的图层中，并将新图层命名为"建筑"。采用相同的方法将通道文件中的主体建筑与背景分离，并将新建图层命名为"通道"，如图 7-62 所示。

(a)　　　　　　　　　　　　　　　(b)

图 7-62　分离建筑图层及通道图层

（4）按住 Shift 键，选择并拖曳"通道"文件中的通道图层到效果图文件中，如图 7-63 所示。

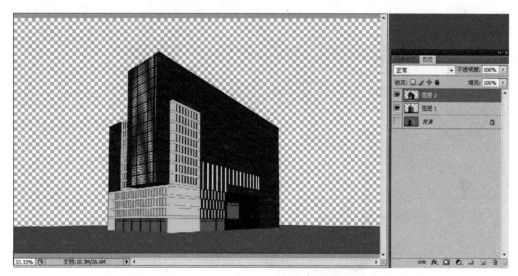

图 7-63　拖曳通道图层到效果图文件

（5）为图像整体确定一个大的基调。首先为图像添加背景天空，打开蓝天素材图像，将其拖入当前文件夹中，然后在图层面板中拖曳到"建筑"图层下方，将其命名为"天空"，注意在图像中调整其位置，如图 7-64 所示。

7.3.2　调整建筑主体

（1）通过观察可以发现建筑整体过暗。使用 Ctrl＋M 组合键，打开"曲线"对话框，将建筑明度调亮，参数设置如图 7-65 所示。

（2）观察最终渲染图像，发现建筑正面玻璃的对比度稍弱，可以通过通道选出玻璃，复制玻璃为单独的图层，然后通过"图像→调整→亮度/对比度"和"图像→调整→色彩平

图 7-64　添加天空背景贴图

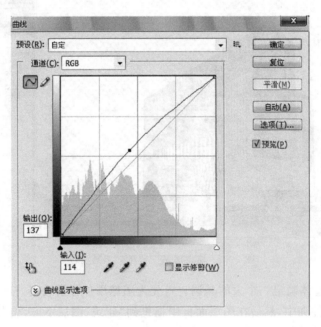

图 7-65　曲线参数设置

衡"菜单命令来增强玻璃的质感,如图 7-66 所示。

（3）如上所述,利用通道选择建筑底部的门面玻璃,然后复制为单独的图层,选择亮度/对比度和色彩平衡命令,参数设置如图 7-67 所示。

（4）利用通道选择墙砖部分,然后复制为单独的图层,选择亮度/对比度命令,效果如图 7-68 和图 7-69 所示。

图 7-66　建筑正面玻璃参数设置

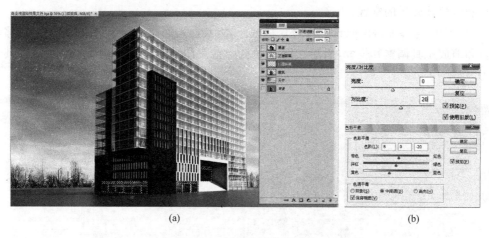

(a)　　　　　　　　　　　　　　　　　　　　　(b)

图 7-67　门面玻璃参数设置

图 7-68　复制墙砖新图层

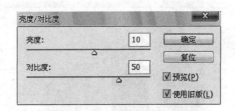

图 7-69　墙砖参数设置

　　使用上述方法,可以完成建筑主体后期处理的其他操作,而且在接下来的处理过程中可以根据需要再次对建筑主体进行调整。实际上,后期处理是一个不断完善的过程,通过不断的改进,最终达到完美的表现效果。

7.3.3　添加配景

　　配景一般按照从远景到近景,从大面积到小面积的步骤进行添加,这样有利于后期的调整和对整体效果的掌握。

　　(1)为图像添加房屋配景。打开素材图像,将其拖入当前文件中,在图像中使用移动工具和缩放工具调整其位置,然后在图层面板中拖曳图层到图 7-70 所示位置,并将其命名为"房屋"。

图 7-70　添加房屋配景

　　(2)从图 7-70 可以看到,房屋和地面之间的过渡太过生硬,不够真实。现在在房屋前面加一些积雪,对生硬的部分进行遮挡,同时也增加一些画面细节。具体操作同上,打开一个积雪素材图像,将其拖入当前文件中,在图像中使用仿制图章工具和橡皮擦工具等进行修改,使房屋与地面之间很好地衔接,如图 7-71 所示。

　　(3)调整公路路面的效果。首先使用通道选出路面选区,并复制为单独的图层,然后

图 7-71　添加积雪配景

选择滤镜→杂色→添加杂色命令，为路面添加一些杂色效果，使路面看起来更加真实一些，参数设置如图 7-72 所示。

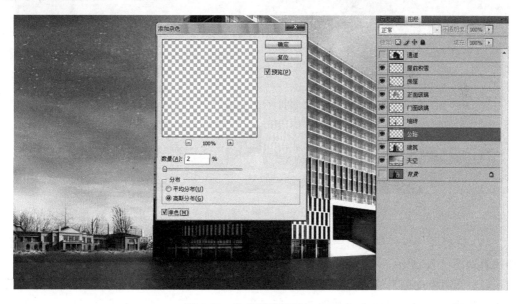

图 7-72　为公路路面添加杂色

（4）按 Ctrl＋L 组合键，打开"色相/饱和度"对话框，调整路面的明度及饱和度，参数设置如图 7-73 所示。

（5）制作并调整路面的积雪效果。新建图层，将其命名为"路面积雪"，用画笔工具在

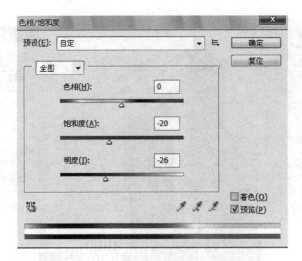

图 7-73 "色相/饱和度"对话框

上面绘制白色的图案,如图 7-74 所示。

图 7-74 运用画笔绘制路面积雪

　　(6)选择滤镜→模糊→动感模糊命令,对刚才绘制的图形进行模糊处理,其参数设置和效果如图 7-75 所示。

　　(7)使用橡皮擦工具进行局部擦除和淡化处理,用锐化工具进行锐化处理。如此反复执行步骤 5~7 次,最终效果如图 7-76 所示。

　　(8)在建筑前面添加一些植物的配景。打开植物素材图像,将其拖入当前的文件中,在图像中使用移动工具和缩放工具调整其位置,然后在图层面板中拖曳图层到适当位置,并将其命名为"植物",如图 7-77 所示。

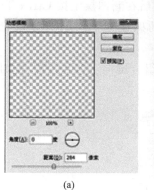
(a)

(b)

图 7-75 "动感模糊"参数设置及效果

图 7-76 最终效果

图 7-77 添加植物配景

（9）因为要表现的是雪景效果，所以一般情况下公路路面具有很强的反射，下面设置植物在路面上的反射效果。首先对"植物"图层进行复制，然后在新图层上按 Ctrl＋T（自由变换）组合键，右击选择"垂直翻转"命令，最后进行"动感模糊"处理，具体设置如图 7-78 所示。

（10）降低图层的"不透明度"为 40％，然后按 Ctrl＋E 组合键向下合并图层，此时效果如图 7-79 所示。

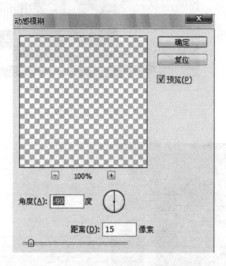

图 7-78　"动感模糊"参数设置

图 7-79　路面反射效果

（11）在画面的右下角添加一些近景的积雪配景。打开积雪配景素材图像，将其拖入当前文件中，在图像中使用移动工具和缩放工具调整其位置，然后在图层面板中拖曳图层到图 7-80 所示位置，并将其命名为"近景积雪"。

（12）为画面添加一些人物，使画面看起来更加生动。打开人物素材图像，将其拖曳至当前文件中,在图像中使用移动工具和缩放工具调整其位置,再使用前面讲解的方法为人物添加路面反射,最后合并图层,将其命名为"人物",效果如图 7-81 所示。

图 7-80　添加近景积雪配景

图 7-81　添加人物配景

在效果图的制作过程中,任务布置是常见的,在画面表现中加入适宜的人物,可以起到点缀画面、烘托气氛、彰显建筑体量、表现建筑功能的作用,但是人物图像不宜过多过杂;否则反而显得杂乱无章。

(13) 在公路上加入几辆汽车。打开汽车素材图像,将其拖曳至当前文件中,在图像中使用移动工具和缩放工具调整其位置,再使用前面讲解的方法为人物添加路面反射,最后合并图层,将其命名为"汽车",效果如图7-82所示。

图7-82 添加汽车配景

(14)隐藏除"汽车""人物""近景积雪""植物""路面积雪"和"公路路面"6个图层以外的所有图层,然后按 Shift+Ctrl+Alt+E(盖印)组合键,对以上6个图层进行盖印操作,将其改名为"公路反光"。最后进行"高斯模糊""锐化"等处理,效果如图7-83所示。

图7-83 添加公路反光效果

(15)将"公路反光"图层的混合模式混合设置为"柔光",效果如图7-84所示。

(16)为场景添加角树。打开素材图像,将其拖曳至当前文件中,在图像中使用移动工具和缩放工具调整其位置,将其命名为"角树",如图7-85所示。

(17)接下来在画面的左侧加入几棵配景树。打开素材图像,将其拖曳至当前文件中,在图像中使用移动工具和缩放工具调整其位置,然后在图层面板中拖曳图层到适当位置,将其命名为"树",效果如图7-86所示。

图 7-84　将公路反光设置为柔光模式

图 7-85　添加角树配景

图 7-86　添加配景树

7.3.4　整体效果调节

在前面的操作中,对场景有针对性地加入了一些配景,在布局和构图方面已经基本调节到位,现在就整体的色调、对比度等进行进一步的调整,使调入画面中不同的、零散的配景更加协调。

(1) 新建一个图层,将其命名为"校色层",在"拾色器(前景色)"对话框中设置参数,如图 7-87 所示。按 Alt+Delete(前景色填充)组合键对新建图层进行填充,然后将图层混合模式设置为"叠加",此时效果如图 7-88 所示。

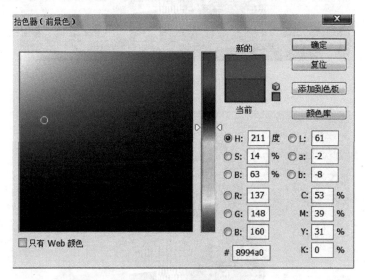

图 7-87　填充前景色参数设置

图 7-88　"叠加"模式处理效果

（2）按 Shift＋Ctrl＋Alt＋E（盖印）组合键，对显示图层进行盖印，此时新建了一个图层。对当前图层进行"高斯模糊"处理，效果如图 7-89 所示。

(a)　　　　　　　　　(b)

图 7-89　高斯模糊处理

（3）将"盖印"图层的混合模式设置为"叠加"，"不透明度"设置为 50％，其效果如图 7-90 和图 7-91 所示。

图 7-90　"叠加"模式参数设置　　　　　　　　图 7-91　"叠加"模式处理效果

（4）从图 7-91 中可以发现，画面的局部效果有些偏暗，按 Ctrl＋M（曲线）组合键打开"曲线"对话框，设置参数如图 7-92 所示。

（5）按 Shift＋Ctrl＋Alt＋E 组合键合并可见图层，最后对图像进行锐化处理，选择菜单栏中的滤镜→锐化→USM 锐化命令，设置参数如图 7-93 所示。

（6）按 Ctrl＋S 组合键保存渲染效果文件，其最终效果如图 7-94 所示。

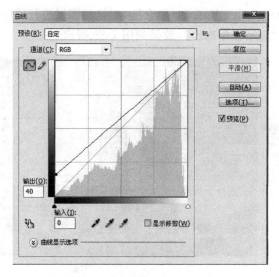

图 7-92 "曲线"参数设置

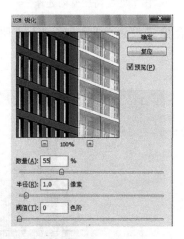

图 7-93 "USM 锐化"参数设置

图 7-94 最终效果

单元 8

Photoshop效果图后期渲染技法

内容导航

学习效果图的后期处理：输出图像、构图、软质景观、硬质景观、建筑、装饰配景等；掌握一般效果图后期的制作思路：分析输出原图→确定图像像素→渲染流程→整体调整确定；熟练掌握景观效果图后期处理中 Photoshop 常用工具的渲染技法。

8.1 AutoCAD 平面图的前期输入方法

图 8-1 所示为某广场设计平面图，西侧为休闲台阶，处于缓坡绿地之中。东侧为广场，北靠绿地缓坡，设有自然式跌水喷泉、"水意"广场铺装及树阵，人工与自然相结合，充分体现现代山水园林景观之美。

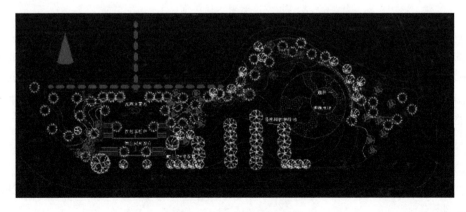

图 8-1 某广场设计平面图

1. 向 Photoshop 输入 AutoCAD 平面图

AutoCAD 通过文件打印机将图形输出为 PostScript 或光栅文件,如 EPS、JPEG、BMP、TGA、TIF 格式等,在 Photoshop 中可以打开这些文件,进一步处理成平面效果图。EPS 格式是 Photoshop 和 AutoCAD 间兼容的一种矢量格式,精度高,是 AutoCAD 向 Photoshop 传递文件的首选。输出方法如下。

1) 图层设置

在 AutoCAD"图层特性管理器"中,将不需要输出的图层设置为不打印或者关闭。如图 8-1 中树木、水体填充图案等所在图层可以这样设置,因为树木等图案可在 Photoshop 中用素材更形象地表现。

2) 安装文件打印机驱动

文件打印机是一种虚拟的电子打印机,是用来将 AutoCAD 图形转换成其他文件格式的程序。在本案例中,采用 Adobe PostScript Level 2,输出文件为 EPS 格式。在 AutoCAD 中,选择文件→绘图仪管理器命令,双击"添加绘图仪向导",单击"下一步"按钮,直到弹出如图 8-2 所示对话框。一直单击"下一步",直到完成。

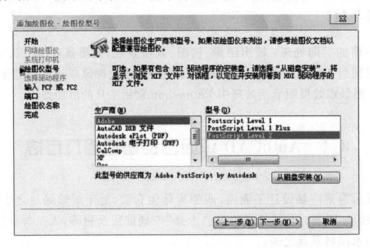

图 8-2　绘图仪管理器

3) 设置布局打印

选择文件→打印命令,按图 8-3 所示操作进行虚拟打印。在本案例中,选择图纸尺寸为 A0,因为想让图纸导入 Photoshop 后清晰。打印样式选择 monochrome.ctb,得到黑白线条图。打印范围选择"窗口""居中打印",得到图 8-4 所示图像。然后保存文件得到 EPS 格式即可。

2. AutoCAD 平面图的输入

1) 启动 Photoshop 打开 EPS 文件

在 Photoshop 窗口中灰色图像编辑区空白处双击,打开从 AutoCAD 输出的 EPS 格式的文件。

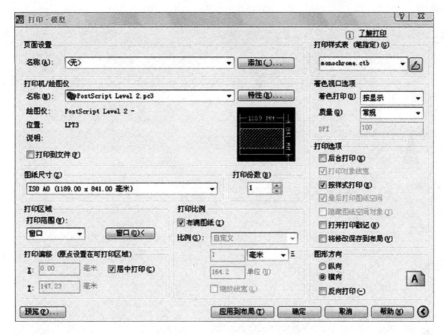

图 8-3　虚拟打印

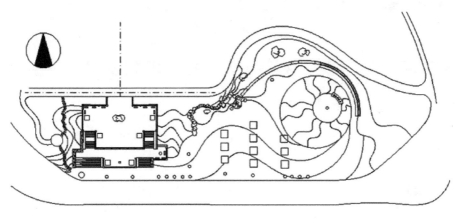

图 8-4　黑白线条图

2) 设置栅格化参数

EPS 是矢量图形格式文件,在 Photoshop 中打开时会将其转换为图像,这种图形向图像的转换称为栅格化,如图 8-5 所示操作,设置栅格化图像的分辨率和色彩模式。

3) 新建图层填充为白色作为背景

打开的图像背景是透明的,难以观察线条的存在,如图 8-6 所示。可新建一个图层并填充为白色作为背景,如图 8-7 所示,在白色背景的衬托下线

图 8-5　栅格化图像

条非常清晰。

图 8-6　新建图层

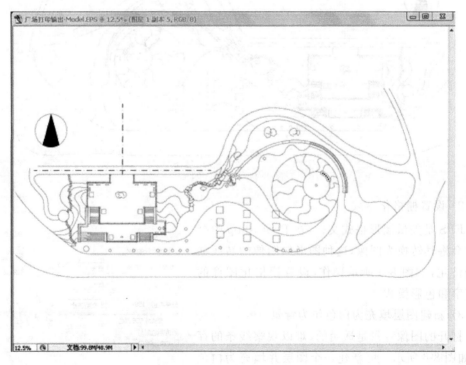

图 8-7　创建完成线条

8.2　广场平面彩色效果图制作

在规划阶段一般绘制彩色的平面效果图,将场地中的对象分类绘制在不同的图层上,从地坪开始逐层向上绘制,处于上层的对象自然会覆盖下层的对象,下层对象被覆盖部分不必镂空。对于大面积背景对象,如大片草坪或水面可用颜色渐变替代真实素材。

8.2.1　创建闭合区域路径

铺装、喷泉水池、缓坡绿地等对象在场地中都是闭合的区域,如果边界简单可以用魔棒工具等简单选框工具在范围内单击或拾取获得选区,如果边界复杂则需要先用钢笔工具将这些区域分别描绘成路径,然后将路径作为选区载入,按高度逐层向上填充颜色或图案。

1. 转换工作模式

打开底图将其转换成 RGB 工作模式。

2. 描绘设计场地范围

用钢笔工具创建设计场地范围路径,然后调整路径锚点位置,最后命名路径,如图 8-8 所示。

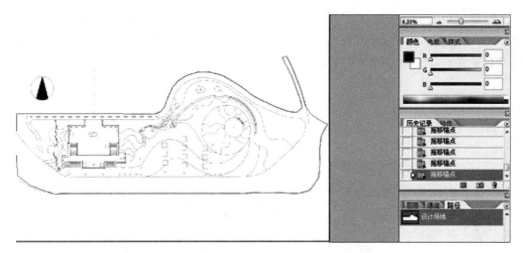

图 8-8　描绘设计场地范围

3. 描绘其他对象的范围路径

依次创建新路径图层,用同样的方法描绘缓坡绿地、铺装等区域的路径,并分别命名。

8.2.2　喷泉水池

将白色背景层合并后的图层到图层面板的"创建新的图层"按钮上,松开鼠标,创建一个副本图层,保留最原始的图像效果,便于后面的修改和校正。

用魔棒工具在副本图层上单击获取喷泉水池选区,新建一个图层,命名为"喷泉水池",然后调整前景色和背景色为适当的蓝色,有一定渐变即可。再使用渐变工具进行选区填充,为得到较好效果,也可以使用滤镜工具进行调整,本例使用滤镜/云彩。另外,也可以调入水面素材,使用"定义图案"填充,或者用仿制图章工具制作喷泉水池,这可依据设计者自身的设计习惯确定。依照同样的方法制作墙和文化墙,如图8-9所示。

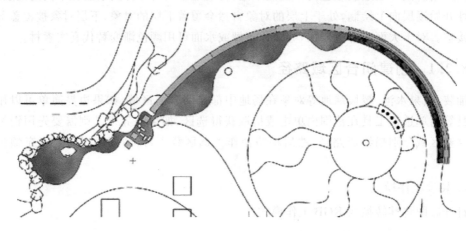

图 8-9　喷泉水池制作图

8.2.3　广场铺装

依照同样的方法制作广场铺装,如图8-10所示。铺装一般由图案单元重复排列而来,采用图案填充易于操作,可以选用图像中的一个区域,也可选择全图将其定义为图案。为使铺装真实,可以对图层进行投影。

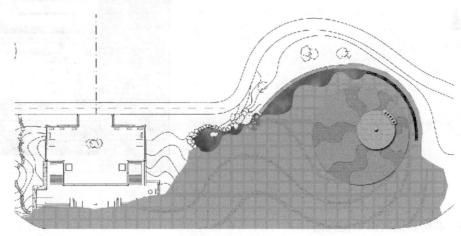

图 8-10　广场铺装制作

图案填充具体操作步骤如下。

(1)打开铺装素材图片文件。

(2)选择图像中某个区域或整幅图像将其定义为图案,选择编辑→定义图案命令。

（3）单击广场平面图窗口标题栏切换到该窗口。

（4）将广场铺装路径作为选区载入。

（5）创建广场铺装新图层置于底图之上。

（6）图案填充：选择编辑→填充→图案命令。

如果图案过于稀疏或稠密，可以在铺装素材图片中调整图像大小来重新定义图案，重新填充。

8.2.4　平台及汉白玉台阶

（1）分别将两层平台路径作为选区载入。

（2）创建新图层置于铺装图层之上。

（3）用颜色填充选区。

（4）添加图层投影样式，模拟阴影。

汉白玉台阶制作方法同平台。制作效果如图 8-11 所示。

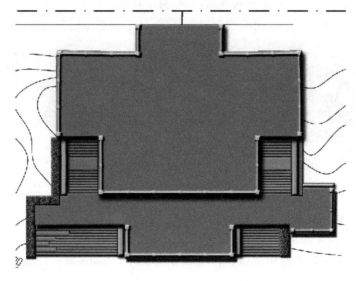

图 8-11　汉白玉台阶制作

8.2.5　缓坡绿地及游憩小路

绿地的制作可以用浅绿色渐变模拟，再添加杂色。也可以用真实的草地素材进行图案填充，本案例采用这种方法。当然也可以利用仿制图章工具将真实的草坪素材涂抹到选择区域中。缓坡绿地及游憩小路最终效果如图 8-12 所示。

8.2.6　树木图例与阴影

平面图中的树木，应该是从空中俯视看到的树木形态，主要有 3 种表示方法，如图 8-13 所示。

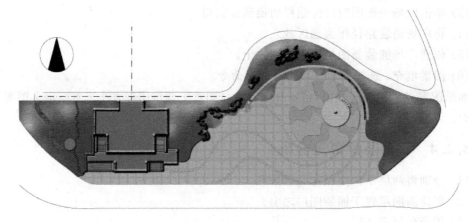

图 8-12　缓坡绿地及游憩小路

（1）真实树木的俯视图片，效果逼真，但数量较少难以获得。

（2）手绘图例，符合行业作图标准和习惯，易于接受。

（3）从树木立面图片中取出的圆形树冠区域，易于识别出树种类别。

图 8-13　缓坡绿地及游憩小路制作

添加第一种树木符号的方法如下。

① 插入一个树木图例。

单击 按钮，然后拖曳树木图例添加到平面图中，Photoshop 自动创建新图层放置插入的树木符号，并命名图层。

② 复制树木图例。

方法 1：单击 按钮，然后按住 Alt 键并拖曳鼠标左键，复制插入的树木图例图层，每个图例会独占一个新图层，调整好每棵树的位置后，将复制的树木图例图层合并为一层。

方法 2：用选框工具框选树木图例，然后单击 按钮，再按住 Alt 键并拖曳鼠标左键，复制包含树木图例的选择区域，这种操作不会自动创建新图层，所复制的符号都在原图层中。

③ 添加图层投影样式，模拟树冠阴影。

用同样的方法插入更多的树木图例表示更多的树种。

注意：图像素材的使用会使平面图看起来效果更真实一些，作图时要注意运用美学知识，注重图像的整体色调和平面布置。手工绘图是计算机绘图的基础，读者平时应多注重手绘美术功底的培养。插入树木后最终效果如图 8-14 所示。

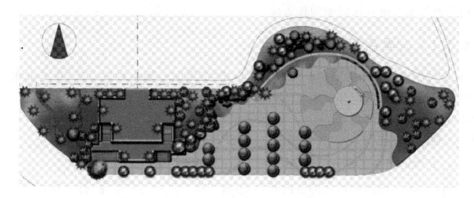

图 8-14　树木图例与阴影效果

8.2.7　周围道路及背景

（1）将外侧道路路径作为选区载入。

（2）创建新图层置于底层副本图层之上。

（3）用颜色填充选区。

（4）选用合适的前景色和背景色,利用渐变填充工具填充背景,再利用减淡工具制作美观效果。

（5）制作文字和指北针。

广场设计最终效果如图 8-15 所示。

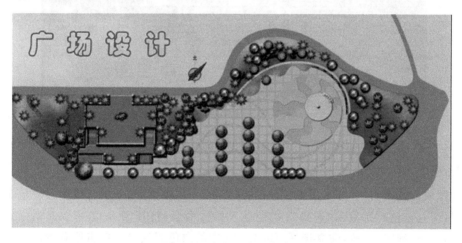

图 8-15　广场设计最终效果

8.3　景观透视效果图制作

景观立面效果图是了解景观立面垂直空间的地形地势变化的一条很好途径。景观立面效果图更有层次性、结构性等,能够更清晰地认识到各个景观元素之间的垂直空间关系。以下结合案例来具体说明制作方法。

8.3.1 去黑色背景

3D文件中对模型的渲染一般设为TIF格式,渲染时一般不设置背景,在渲染图片中除了模型以外的所有区域都是黑色。这些区域主要包括天空,此外,还包括一些树冠、廊架等中间的空隙。因此在用Photoshop对其进行处理时,首先要把这些黑色删除,可以利用Alpha通道建立选区。

1. 打开渲染图像文件

在Photoshop图像编辑区的空白处双击,或选择文件→打开命令,打开要处理的TIF格式的3D渲染图像,如图8-16所示。

图 8-16　渲染图像文件

2. 利用Alpha通道建立选区

在图层面板中,将背景图层拖曳至面板底部的 按钮上,复制背景图层。单击原背景图层,使其蓝色高亮显示,选择选择→载入选区命令,打开图8-17所示对话框。勾选"反相",单击"确定"按钮,建立选区,如图8-18中的白色蚂蚁线。单击原背景图层前面的 ,将其设为不可见,单击"背景副本"图层,使其蓝色高亮显示,接下来将对"背景副本"图层进行编辑。

3. 删除黑色区域,得到透明背景

按Delete键将黑色区域删除。利用Ctrl+D组合键或单击选择→取消选择将图中白色蚂蚁线去掉。得到灰白双色的棋盘格所表示的透明背景,如图8-19所示。

图 8-17   载入选区界面

图 8-18   建立选区

图 8-19   删除黑色区域

8.3.2 设置图像大小,并将图像另存为 PSD 格式文件

1. 裁切画布

一般效果图中的地平线设在接近下方 1/3 处效果较好,本案例中地平线偏高,水域面积有点大,故用裁切工具 □ 将下方少量裁掉。方法如下。

选择裁切工具,在图像左上角按鼠标左键,按住不放,往右下角拖出一个矩形框,当把要留下的部分全部框起来时松开鼠标,如图 8-20 所示,按 Enter 键,即可把多余部分裁掉。

图 8-20　裁切画布

2. 设置图像大小、分辨率

用 Photoshop 对效果图进行后期处理一定要注意,在开始时设置合适的图像大小和分辨率,例如 72ppi 的分辨率就能满足计算机屏幕看图的清晰度要求,但是要想打印清晰,需要 150～300ppi 的分辨率。

选择图像→图像大小命令,打开图 8-21 所示对话框。图像的宽度和长度值要根据输出图纸的大小确定,一般打印 2 号图纸需要 4000～6000 像素的尺寸。图像分辨率过低,出图不清晰,过高则影响图像编辑和打印的速度,分辨率一般设为 150～300 像素/英寸,如图 8-21 所示。

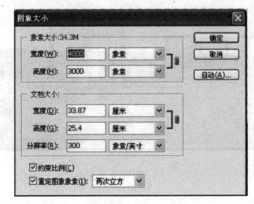

图 8-21　设置图像大小

3. 存储为 PSD 格式文件

PSD 格式是 Photoshop 专用的文件存储格式,它可以完整保存图像所有图层的信息,方便图像编辑。选择文件→保存为命令,找到要存储的文件夹。将文件格式设置为PSD 格式,如图 8-22 所示。

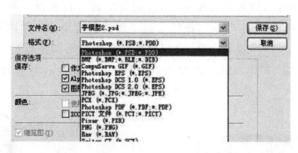

图 8-22 存储为 PSD 格式文件

8.3.3 添加背景

1. 背景图像的选择

将 3D 渲染图中的黑色背景去掉后要加入天空背景图片,以初步体现环境的整体色调和氛围。在选择背景图片时最好选择带有远景树丛的图片,这样可以保证效果图的景深和层次感,但也要根据设计方案中真实的周围环境来定。在指定视角中所能看到的硬质景观(如建筑、广场、道路等)和水体尽量在 3D 中建模,Photoshop 重点处理植物景观和配景素材,这样可以保证效果图与真实设计方案相统一。本案例为某公园的"水木清华"景区效果图,重点表现的是湖边木亭和花架所组成的景点,其周围环境为植物景观和少量园路,故选择了与这一设计环境类似的背景图片,如图 8-23 所示。图中既有天空和云图,又有远景树丛,并且与设计方案中景点真实的周围环境接近。

图 8-23 背景图像

2. 在图像中加入天空背景图片

1) 打开天空背景图片

在图像编辑区双击,打开目标天空背景文件。按 Ctrl＋A 组合键选择图像或单击工具选项栏中的矩形选择工具,选择整张图片,建立选区。选择移动工具,在天空图片中任意位置按住左键不放,拖曳至效果图文件中,可以看到在图层面板中出现了单独一个图层,双击图层名称,将其改为"天空",如图 8-24 所示。

2)天空背景缩放和地平线

由于所选天空图片与效果图大小不一致,需要对其进行调整。在天空图片范围内右击,如图 8-25 所示,选择"天空"图层,按住左键不放将其拖至左上角刚好与效果图图像左上角重合。选择编辑→自由变换命令,出现有 8 个小正方形的控制框,将鼠标移至右下角的小正方形,鼠标变成 45°倾斜的黑色箭头,按住左键不放往右下拖,将图片放大至与效果图图片大小相等。

图 8-24　修改图层文字　　　　　图 8-25　调整天空图片大小

在图层面板中将"天空"图层的不透明度设为 60%左右。此时可透过"天空"图层看到 3D 渲染图像中的地平线。移动"天空"图层,使其地平线与 3D 渲染图像中的地平线基本吻合,如图 8-26 所示。调整好后将其不透明度重设为 100%。在图层面板中将"天空"图层按住不放拖至"背景副本"图层的下面。

图 8-26　调整"天空"图层不透明度

3）删除 3D 渲染图中的绿地区域

利用魔棒工具 ＼ 在"背景副本"图层中点选绿色区域，如图 8-27 所示。注意选择时将工具选项设置为如图 8-28 所示。按 Delete 键删除，按 Ctrl＋D 组合键取消选择。

图 8-27　选择绿色区域

图 8-28　设置魔棒工具选项

3. 调整整体环境色调

添加天空和远景树丛后，图像的整体环境氛围体现出来。由于 3D 模型渲染图片中的颜色饱和度较高，与背景图片在整体色调上有差异。所以添加天空后要将二者整体色调调为一致，确定画面的整体格调。因为本案例中 3D 渲染图整体饱和度过高，色调偏黄，而天空背景色调偏蓝，饱和度较低。对 3D 渲染图做以下处理。

选择"背景副本"图层，选择图像→调整→色相/饱和度命令，弹出如图 8-29 所示的对话框，降低其饱和度。

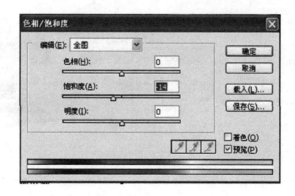

图 8-29　调整色相/饱和度

选择图像→调整→亮度/对比度命令，弹出如图 8-30 所示对话框，提高亮度和对比度。

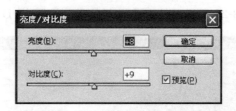

图 8-30　调整亮度/对比度

选择图像→调整→色彩平衡命令，弹出如图 8-31 所示对话框，调整画面偏蓝和偏青，效果如图 8-32 所示。

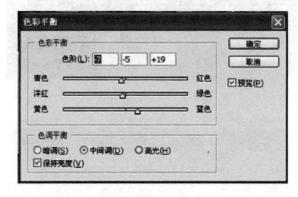

图 8-31　调整色彩平衡

图 8-32　色调处理后效果

4. 添加水配景

1）水配景素材的选择

水是重要的景观要素之一，有了水，园林就有了灵气和生机。效果图中水景的处理对整张图的效果影响很大。在选择水配景素材图片时要注意其透视角度应与3D渲染图基本一致。本案例选取下面的湖景图片作为水配景素材，如图8-33所示。

图 8-33　选择水配景

2）素材图片选择

选择文件→打开命令，打开预先选好的湖景图片。在该图中用矩形选框工具选择图中的区域。用 工具将其拖至效果图中，关闭湖景图片文件。

此时图层面板中可以看到一个自动生成的图层。单击该图层，使其蓝色高亮显示。选择编辑→自由变换命令或按Ctrl＋T组合键将湖景图片进行缩放，并小心移至适当位置，使其能覆盖3D渲染图中表示水体的蓝色区域，如图8-34所示。

图 8-34　调整选区位置

3）按照设计的水体形状截取素材

3D设计中常常将水体和草地颜色设为单纯的蓝色与绿色，这是为了方便在Photoshop处理时用魔棒工具快速选取，并改为相应的真实水景或草坪。本案例的3D渲染图中的水体为纯蓝色，因此可以用魔棒工具快速选取。

在图层面板中单击"背景副本"图层，使其蓝色高亮显示。选择工具栏中的魔棒工具，并将其选项设置为图8-35所示。在表示水体的蓝色区域单击，将其选取。在图层面板中单击湖景图片所在图层，使其高亮显示。如图8-36所示，白色蚂蚁线内的区域是我们想保留的，其余部分要删除。按Ctrl＋Shift＋I组合键或选择选择→反选命令可选中相反的区域，按Delete键将其删除，可得到图8-37，按Ctrl＋D组合键取消选择。

图8-35　魔棒工具选项栏1

图8-36　选择水体区域

4）处理水面色调

如前面添加天空背景一样，如果湖景素材的色调和效果图整体色调不一致时，也可以选择图像→调整→色彩平衡命令或色相/饱和度命令或亮度/对比度命令对该图层进行调整。

5）制作水边建筑物的倒影

临水建筑物会在水中形成倒影，在添加倒影时要符合透视原理。因倒影在水中，故对其采用"模糊""半透明化"等处理，且对轮廓线要求不用很精确。本案例中制作平台栏杆的水中倒影方法如下。

（1）魔棒选区临水建筑物的面。

在图层面板中单击"背景副本"图层，使其蓝色高亮显示。选择工具栏中的魔棒工具，并将其选项设置为图8-38所示。在平台栏杆的向水一面单击，可得到图8-39所示的选区。

图 8-37　创建水体区域

图 8-38　魔棒工具选项栏 2

（2）制作所选面的倒影。

按 Ctrl＋C 组合键复制选区内容，再按 Ctrl＋V 组合键粘贴，可以在图层面板中自动生成一个图层。选择编辑→自由变换命令或按 Ctrl＋T 组合键出现自由变换的矩形框。右击出现图 8-40 所示的子菜单，选择"垂直翻转"命令，可得到图 8-41 所示的效果。按 Enter 键结束"自由变换"。但它不符合透视原理，需对其进行"自由变换"中的"扭曲"处理，方法是按 Ctrl＋T 组合键，再右击，出现图 8-42 所示的子菜单，选择"扭曲"命令。按住左右两侧的两个小正方形控制点，如图 8-43 所示，垂直上下移动，调整至图 8-44 所示效果。按 Enter 键结束自由变换。

图 8-39　选择平台栏杆区域

图 8-40　实现垂直翻转

图 8-41　垂直翻转后的效果

图 8-42　选择"扭曲"命令

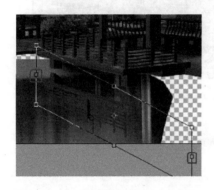
图 8-43　移动选区内容

图 8-44　调整后状态

（3）对倒影进行模糊和半透明化处理。

水中倒影较虚幻，应做以下处理。首先是动感模糊，按照图 8-45 所示路径打开"动感模糊"对话框，参数设置如图 8-46 所示。其次是半透明化，在图层面板中将倒影所在图层的不透明度设置为 80% 即可。这样可以得到图 8-47 所示的效果，此时完成了水面的倒影处理。使用相同的方法制作平台两个侧面的倒影，如图 8-48 所示。

图 8-45　使用"动感模糊"滤镜

图 8-46　"动感模糊"参数设置

图 8-47　设置不透明度

图 8-48　完成倒影的创建

　　由于平台底面也会在水中形成一个倒影,但图中还没有表现出来。因为平台底面得不到光的直接照射,属于暗面,可以采用下面方法制作底面倒影。

　　用　　工具作图 8-49 所示的选区。在工具选项栏的下方"前景色/背景色"中将前景色设为黑色,在图层面板下方点选　　按钮建立空白图层,按 Alt+Delete 组合键在选区内填充背景色,效果如图 8-50 所示。将此新建图层的不透明度设为 85%,并进行垂直方向的动感模糊,参数设置如图 8-51 所示。最终可得到图 8-52 所示效果。到此为止,就完成了水景倒影的制作。

图 8-49　套索工具创建选区

图 8-50　填充黑色效果

图 8-51　调整"动感模糊"参数

图 8-52　动感模糊后效果

6）添加生态驳岸

（1）驳岸素材的选择。

驳岸是水景的重要组成部分，也是效果图中水景表现效果的重要影响因素。驳岸有很多种，如假山石驳岸、自然草坡驳岸、木桩驳岸、规则式驳岸等。在用 Photoshop 绘制驳岸时，一方面，要尊重设计方案中的驳岸效果，选择与之相似的驳岸素材；另一方面，水陆交接处是处理的重点和难点。它要能与水景和陆地过渡自然，完美结合。因此，在选择驳岸素材时要保留一定面积的水体和草地。

（2）打开驳岸素材并截取所需部分。

本案例中驳岸为自然式草坡驳岸。选择文件→打开命令，打开素材库中的自然式草坡驳岸，如图 8-53 所示。用套索工具选取图中所需的部分，如图 8-54 所示。注意要保留一定面积的水体和绿地。

图 8-53 打开素材图像

图 8-54 创建选区

将所选部分复制到效果图文件中，便自动生成一个图层，将其命名为"驳岸"。对该图层按照透视原理进行缩放，并移至适当位置，使其水岸线与 3D 渲染图基本吻合，如图 8-55 所示。由于素材中的水岸线没有设计方案需要表现的水岸线长，为了保证素材的一致性，将"驳岸"图层复制，有两种方法。一种方法是按住 Alt 键，选择 🕂 工具，单击图中的驳岸，按住不放，朝任意位置拖拉，便可生成其内容。另一种方法是在图层面板中，单击"驳岸"图层，使其高亮显示，单击该图层并按住不放，将鼠标移指针移至图层面板下面的 ⬛ 图标处，便可生成一个与"驳岸"图层一样的"驳岸副本"图层。将两个驳岸图层进行拼接并合并，如图 8-56 所示。

图 8-55 调整位置

图 8-56 合并图层

选择图像→调整→色彩平衡命令,调整驳岸图层偏蓝,与效果图整体色调统一。单击工具选项栏中的橡皮擦工具 ✐,工具选项设置如图 8-57 所示,注意画笔类型是柔角,不是尖角。选中驳岸图层,在其外围用橡皮擦擦除清晰的边缘,使其与水景图层和 3D 渲染图图层过渡自然,如图 8-58 所示,直至出现图 8-59 所示效果。注意图 8-59 方框中所示,在制作驳岸图层时要使其部分与木平台重合。接下来,选中"背景副本"图层,用魔棒工具选中木平台与驳岸重叠的部分将其删除,如图 8-60 所示。得到图 8-61 所示效果。

图 8-57　橡皮擦工具选项栏

图 8-58　使用橡皮擦工具

图 8-59　自然过渡效果

图8-60　使用魔棒工具进行选取

图 8-61　删除重叠部分后效果

5. 添加草坪

如图 8-62 所示,图中方框内需要添加草皮。具体做法如下。

(1) 打开草坪文件。

选择文件→打开命令,打开草坪文件,用矩形选择工具作图 8-63 所示选区,用 ⊹ 工具将其移到效果图文件中,自动生成一个新的图层。使用自由变换工具将其缩放并移到合适位置,使其能覆盖需要填充草皮的区域,如图 8-64 所示。

图 8-62　需要添加草皮处

图 8-63　创建选区

图 8-64　创建选区

（2）勾选需要填充草皮的目标区域。

单击图层面板中的草地图层前面的眼睛，将其设为不可视。选择工具箱中的工具，在图中选取图 8-65 所示选区。注意，在原有选区基础上增加新的选区可按住 Shift 键。

选中草地图层，并恢复其可视性。按 Shift＋Ctrl＋I 组合键进行反选，按 Delete 键即可把多余草地删除。得到图 8-66 所示效果。

图 8-65　选区调整　　　　　　　　　图 8-66　删除多余草地后效果

6. 添加乔木和人物配景

1) 添加乔木

乔木是景观中重要的组成部分。要重点掌握植物尺寸把握、地面投影和水中倒影的制作。

(1) 打开乔木素材图片。

选择文件→打开命令,打开"乔木 1"图片,如图 8-67 所示。有些素材是 PSD 格式的,树木图例在单独的图层,这种情况下将乔木图层拖至效果图文件即可。有些素材是单一图层,这时需要使用魔棒工具选中其纯色背景,再反选(Shift＋Ctrl＋I),选中乔木图例,如图 8-68 所示。用 工具单击乔木,按住不放,将其拖曳至效果图文件,如图 8-69 所示。此时,系统自动生成一个乔木图层,将其命名为"乔木"。

图 8-67　打开素材　　　　　　　　　图 8-68　选择乔木(1)

由图 8-69 可知,乔木图层一部分被其他图层挡住了,为了方便编辑,可以按 Shift＋Ctrl＋]组合键将其移至最上层,并用自由变换对其进行缩放,得到图 8-70 所示效果。

(2) 给乔木加绘投影。

加绘投影可以增加画面的真实性。加绘投影时要注意整幅图的日照方向是一致的。

如果一张图中有多棵同种树木,为了提高作图效率,往往先制作出一棵树的投影,然后将其连同乔木本身一起复制。具体做法如下。

图 8-69　选择乔木(2)　　　　　　　　　　　图 8-70　对乔木操作

① 复制新的乔木图层。

选中乔木图层,按住 Alt 键,选择 ⊹ 工具,单击乔木按住不放,将其往旁边拖曳便可生成一个新的乔木图层。

② 将新图层制作成投影。

调整新图层的"亮度/对比度"都为－100,将该图层的不透明度设为 70％左右,如图 8-71 所示。按 Ctrl＋T 组合键对阴影进行自由变换,得到图 8-71 中的控制矩形框。在框内单击,在弹出的下拉菜单中选择"扭曲"命令,单击控制矩形框上面中间的小方形控制点,按住不放,往右下方拖曳,可将投影"铺"在地面上。移动阴影,使其根部与乔木的根部重合,如图 8-72 所示,即可完成投影的制作。

图 8-71　调整不透明度(1)　　　　　　　　　图 8-72　创建乔木投影

③ 将新图层与原乔木图层合并。

所有乔木都要有投影，可以将刚才制作好的投影与原乔木合并成一个图层，方便后面复制出相同的树木。如果只想合并现有图层中的部分图层而不是全部，往往先将要合并的图层建立链接关系。如图 8-73 所示，选中"乔木 1 副本"。在要与它合并的图层前的空白小方格中单击，即可建立链接关系。合并链接图层方法有两种：一是按 Ctrl＋E 组合键，二是选择图层→合并链接图层命令。

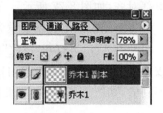

图 8-73　选中"乔木 1 副本"

此时乔木和投影在同一个图层内，如果视野范围内还有相同的树木，即可直接复制移动，如图 8-74 所示。但要注意近大远小的透视原理，将乔木缩放至合适的尺寸。复制"乔木 1"并将其移到花架前的滨水绿地。利用自由变换对其缩放至适当尺寸，如图 8-75 所示。

图 8-74　复制乔木

图 8-75　自由变换

以上详细介绍了乔木加绘阴影的方法，其余配景素材，如灌木、人物等加绘阴影方法与上述方法相同，这里不再赘述。

（3）给滨水乔木加水中倒影。

滨水乔木会在水中形成倒影。与前面制作投影类似，加绘倒影也是先复制出一个相同的乔木图层，再将其处理成水中倒影。

① 复制新的乔木图层。

选中乔木图层，按住 Alt 键，再单击乔木按住不放，将其往旁边拖曳便可生成一个新的乔木图层。

② 将新图层制作成水中倒影。

制作水中倒影需要将图层垂直翻转，调整成半透明，并利用滤镜里的扭曲工具制作出波纹的效果。具体做法如下。

如图 8-76 所示，按 Ctrl＋T 组合键打开自由变换控制矩形框对新乔木图层进行编辑，右击，在弹出的

图 8-76　进行自由变换

下拉菜单中选择"垂直翻转"命令，新乔木图层变成头朝下了。将其移动至根部与原乔木根部对齐，如图 8-77 所示。

　　将新图层的不透明度设为 40％左右，如图 8-78 所示。选择滤镜→扭曲→波纹命令，如图 8-79 所示。打开"波纹"对话框，参数设置如图 8-80 所示，可得到图 8-81 所示效果。按照水中倒影的透视原理，自乔木根部到岸边水草倒影下边缘之间的乔木树干倒影是看不到的，如图 8-82 所示，因此将这一段删除即完成了乔木倒影的制作。

图 8-77　根部对齐

图 8-78　调整不透明度（2）

图 8-79　选择"波纹"滤镜

图 8-80　调整"波纹"滤镜参数

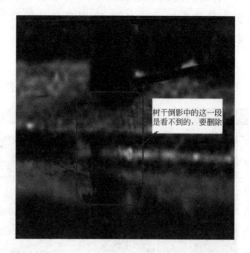

树干倒影中的这一段是看不到的，要删除

图 8-81　"波纹"滤镜效果　　　　　　　　　图 8-82　删除多余部分

　　按照上面相同的方法添加其他乔木和灌木。在添加植物时经常需要改变图层的上下叠放顺序。可以在图层面板中，按住目标图层进行拖曳，也可以利用组合键。Photoshop默认的组合键 Ctrl＋Shift＋]可以将所选图层置于最上层，Ctrl＋Shift＋[组合键可以将所选图层置于最下层。Ctrl＋]组合键可以将所选图层上移一层，Ctrl＋[组合键可以将所选图层下移一层。

　　2）添加人物

　　Photoshop 素材库中的人物素材与前面所讲的乔木素材处理方法相同，此处不再赘述。有一点需要注意的是，在平视效果图中的所有人物，不论远近，虽然他们的脚位于画面中的不同高度，但是头部基本保持在视平线上下浮动，即"头齐脚不齐"。这样才符合平视效果图的透视原理。依照前面添加乔木的方法给本图添加人物配景，如图 8-83 所示。

图 8-83　添加人物配景后效果

8.3.4　建筑透视效果图的制作过程

以上案例是景观透视效果图制作的一般过程。在平时学习过程中可以通过多看、多做、多临摹优秀的设计案例，来提高自己的设计能力。下面用案例梳理一下透视图制作过程，来看一下建筑透视效果图的处理。

1. 打开渲染图像文件

选择文件→打开命令，打开渲染图像文件，如图 8-84 所示。

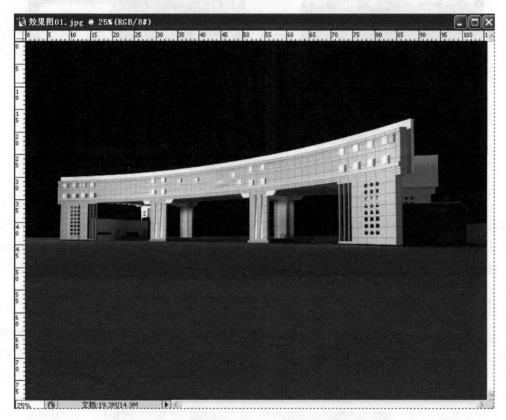

图 8-84　渲染图像文件

2. 删除黑色区域，得到透明背景

选择工具箱中的魔棒工具，在其选项栏中，将"容差"调整为 0 像素，选择黑色背景部分，然后将其删除，如图 8-85 所示。

3. 环境景观处理

打开一张合适的天空素材，如图 8-86 所示，并把图片合并到建筑效果图中，剪切画布，把天空缩放并移动到合适的位置，如图 8-87 所示。

4. 软质景观的处理

（1）合并适合本建筑景观的树木素材，如图 8-88 所示。

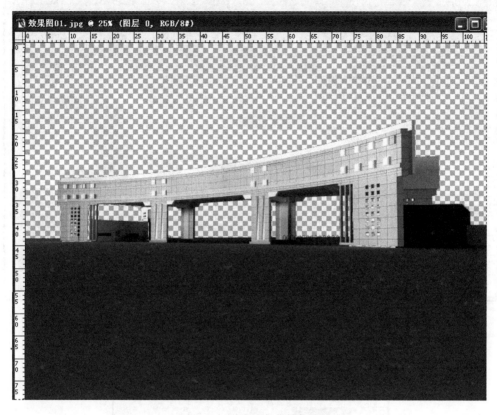

图 8-85　删除黑色背景部分

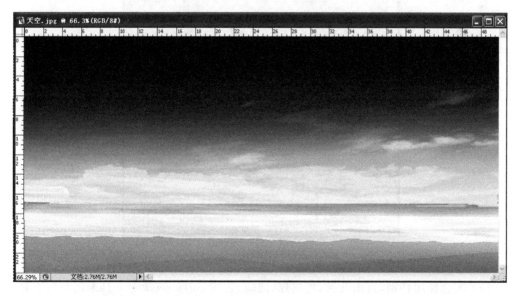

图 8-86　天空素材图像

图 8-87　将天空素材合并到建筑效果图中

图 8-88　树木素材

　　(2) 配合使用移动、自由变换、橡皮擦、曲线、色阶、加深、减淡等工具来调整树木素材的方向、大小、位置、透明度等,使其融入建筑景观中,如图 8-89 所示。

图 8-89　调整树木素材

5. 装饰配景处理

(1) 人物、汽车素材的合并,如图 8-90 所示。

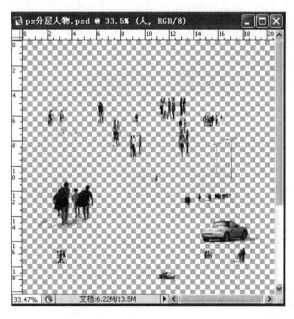

图 8-90　人物、汽车素材

(2) 配合使用移动、自由变换、橡皮擦等工具来局部调整素材的方向、大小、位置、透明度等,使其融入建筑景观中,如图 8-91 所示。

图 8-91 调整人物、汽车素材

（3）添加附属建筑，如图 8-92 所示。

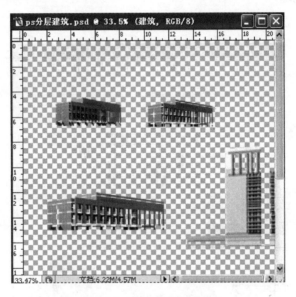

图 8-92 附属建筑物素材

（4）配合使用移动、自由变换、橡皮擦等工具来调整各种素材的方向、大小、位置、透明度等，如图 8-93 所示。

6．完成整体调整

使用裁剪工具，在前景色为黑色前提下进行版式处理，如图 8-94 所示。

图 8-93　调整人物、汽车素材

图 8-94　整体调整

8.4　景观立面效果图制作

通过景观立面效果图,能够了解景观立面垂直空间的地形地势变化,能够更清晰地认识到各个景观元素之间的垂直空间关系。通过以下案例来说明立面效果图制作步骤和方法。

1. 打开渲染图像文件

(1) 选择文件→打开命令,打开渲染图像文件,如图 8-95 所示。

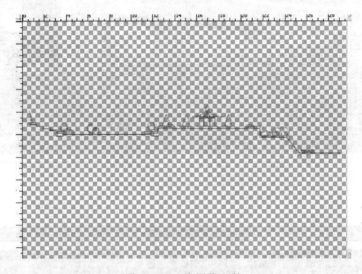

图 8-95　渲染图像文件

(2) 锁定背景图层,如图 8-96 所示。

(3) 为锁定物体填充黑色,如图 8-97 所示。

(4) 为了使构图更合理,用裁剪工具裁剪画布,效果如图 8-98 所示。

(5) 对处理后的图像选择文件→另存为命令,进行存储。

2. 为标志景观填充色彩

(1) 使用魔棒工具,选择倒立梯形造型,填充红色,图层样式为"斜面和浮雕",具体参数参考图 8-99。交叉部分填充黄色。最终效果如图 8-100 所示。

图 8-96　锁定背景图层

(2) 圆形造型填充色彩为蓝黄蓝渐变。渐变填充时拖曳方向由左上角至右下角,具体参数如图 8-101 所示,渐变效果和图层浮雕效果如图 8-102 所示。

(3) 亭子造型处理。亭子顶部用魔棒工具选中,填充红色,具体参数、添加图层样式"斜面和浮雕"参数如图 8-103 所示。

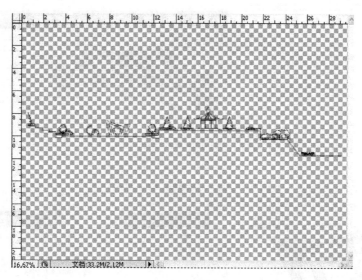

图 8-97 填充黑色

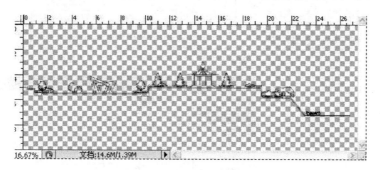

图 8-98 裁切画布

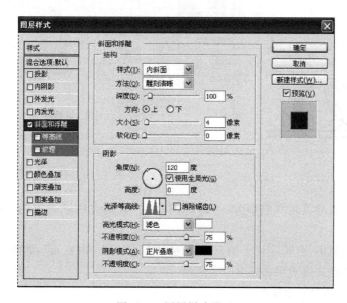

图 8-99 图层样式设置

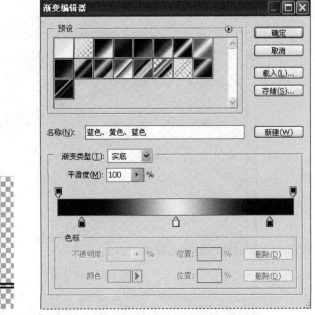

图 8-100　倒立梯形造型效果

图 8-101　"渐变编辑器"设置

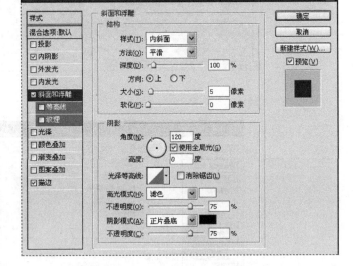

图 8-102　实现效果

图 8-103　图层样式"斜面和浮雕"设置

（4）对亭子顶部填充红色部分，再添加图层样式，描边色彩为黄色，参数如图 8-104 所示。

（5）亭子造型中，台阶和柱子填充为灰色，图层样式为"内发光"，如图 8-105 所示。

（6）亭子造型最终效果如图 8-106 所示。

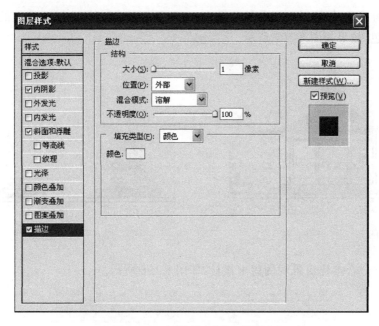

图 8-104　图层样式"描边"设置

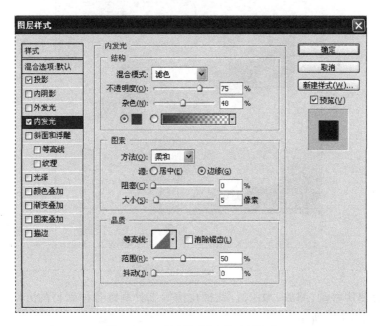

图 8-105　图层样式"内发光"设置

3. 立面软质景观的处理

（1）植物景观，如松树和绿色植物着色，一般采用魔棒工具选择要填充的物体，为其填充为翠绿色，效果如图 8-107 所示。

图 8-106　最终效果

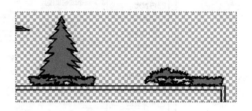

图 8-107　填充颜色

（2）合并适合本建筑景观的树木素材，如图 8-108 所示。

图 8-108　树木景观素材

（3）配合使用移动、缩放、加深减淡、橡皮擦等工具调整各种素材的方向、大小、位置、透明度等，如图 8-109 所示。

4. 景观立面天空的处理

天空在立面效果图制作中一般作为背景，在处理时常用工具主要有渐变工具、橡皮擦工具、图层叠加和蒙版。天空贴图如果处理得好，能使效果图的制作效率大大提高。

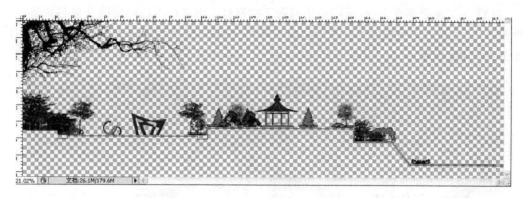

图 8-109　调整图像元素

（1）天空分层素材如图 8-110 所示。

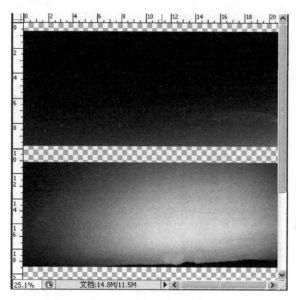

图 8-110　天空分层素材

（2）打开渐变工具，利用线形渐变，做一个蓝色到白色的渐变，得到天空效果，如图 8-111 所示。

图 8-111　天空背景效果制作

（3）为了配合渐变天空,可以使用两张天空素材贴图进行不透明度的叠加与调整,在处理当中,也可以将橡皮擦工具作为绘画工具,在天空素材图层擦出天空更好的效果,效果如图 8-112 所示。

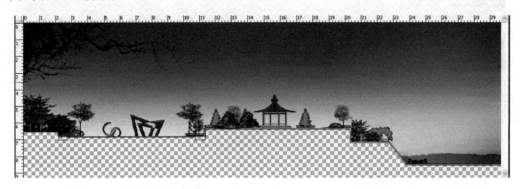

图 8-112　天空背景图层调整

5. 添加建筑和人物景观元素

（1）为了使景观元素更为丰富,对场景合并人物和建筑,如图 8-113 所示。

图 8-113　人物和建筑素材

（2）通过对人物和建筑元素的添加,整个效果图搭配上有近景和远景,水平空间会更有层次感,效果如图 8-114 所示。

图 8-114　调整人物和建筑素材空间搭配

（3）在处理过程中，如果天空背景有点空，一般可以用合并景观场景中水鸟和太阳光线配景的方法来充实画面，效果如图 8-115 所示。

图 8-115　水鸟和太阳光线配景搭配

6. 整体调整

最后整体调整时，可以通过渐变工具调整填充、利用文字工具添加文字，调整后效果如图 8-116 所示。

图 8-116　最后调整效果

参 考 文 献

[1] 尚存.园林 Photoshop 辅助设计[M].郑州:黄河水利出版社,2010.

[2] 李金明,李金荣.Photoshop CS5 完全自学教程[M].北京:人民邮电出版社,2010.

[3] 李淑玲.Photoshop CS2 景观效果图后期表现教程[M].北京:化学工业出版社,2008.

[4] 李娜.Photoshop 实用教程[M].北京:北京理工大学出版社,2005.

[5] 王璞.Photoshop CS 标准教程[M].西安:西北工业大学电子音像出版社,2005.

[6] 张立君.Photoshop 图像处理[M].北京:中国计划出版社,2007.

[7] 洪光,周德云.Photoshop 实用教程[M].大连:大连理工大学出版社,2004.

[8] 王国省,张光群.Photoshop CS3 应用基础教程[M].北京:中国铁道出版社,2009.

[9] 袁媛.中文版 Photoshop CS5 案例课堂[M].北京:北京希望电子出版社,2011.

[10] 焦点视觉.Photoshop CS5 风光摄影后期精修[M].北京:北京希望电子出版社,2011.

[11] 朱军.Photoshop CS2 建筑表现技法[M].北京:中国电力出版社,2006.

[12] 徐加美.Photoshop 平面图像处理[M].北京:清华大学出版社,2011.